Spreinat
Kaiserbuntbarsche

Andreas Spreinat

Kaiserbuntbarsche des Malawisees

71 Farbfotos
10 Schwarzweißfotos
1 Übersichtskarte

VERLAG
EUGEN
ULMER

Sämtliche Fotos vom Autor.
Die SW-Fotos der Belegexemplare wurden im British Museum (Natural History) aufgenommen.

CIP-Titelaufnahme der Deutschen Bibliothek

Spreinat, Andreas:
Kaiserbuntbarsche des Malawisees/
Andreas Spreinat. – Stuttgart: Ulmer, 1989
ISBN 3-8001-7939-3

Wollgrasweg 41, 7000 Stuttgart 70 (Hohenheim)
Printed in Germany
Lektorat: Rainer Stawikowski
Herstellung: Gabriele Wieczorek
Einbandgestaltung: A. Krugmann,
Freiberg am Neckar, mit einem Foto (Aulonocara stuartgranti [Mbenji]) vom Verfasser
Satz: Typobauer Filmsatz GmbH, Ostfildern 3
Druck: Offsetdruckerei Karl Grammlich, Pliezhausen
Bindung: Wilhelm Röck, Weinsberg

Vorwort

Kaiserbuntbarsche zählen zu den farbenprächtigsten und beliebtesten Malawisee-Cichliden. Seit der Entdekkung des Rotschulter-*Aulonocara* in den frühen siebziger Jahren ist eine Vielzahl von weiteren Kaiserbuntbarschen für die Aquaristik entdeckt und importiert worden. Die Tatsache, daß all diese Arten wissenschaftlich zunächst unbekannt waren, führte zu einer verwirrenden Vielfalt unterschiedlichster Handelsbezeichnungen für die jeweils neu eingeführten Arten. Dies und die in einigen Fällen nur geringen Unterschiede hinsichtlich der Körperform und Farbgebung verschiedener Arten von Kaiserbuntbarschen erschwerten die Orientierung innerhalb dieser populären Cichlidengruppe ungemein. Das vorliegende Büchlein wurde deshalb unter dem Aspekt verfaßt, eine allgemein verständliche Übersicht über die Kaiserbuntbarsche zu geben. Besondere Bedeutung erhielt dabei die farbige Abbildung möglichst jeder aquaristisch bekannten Art und Standortvariante, da gerade innerhalb der Gruppe der Fels-*Aulonocara* eine Differenzierung der verschiedenen Arten häufig nur über die unterschiedlichen Färbungen der männlichen Tiere möglich ist. Es ist mir in diesem Zusammenhang ein besonderes Anliegen, den Liebhaber auf die Notwendigkeit und Bedeutsamkeit der erbreinen Erhaltung dieser entwicklungsgeschichtlich vergleichsweise jungen und folglich im Aquarium kreuzbaren Arten, Rassen und Standortvarianten aufmerksam zu machen. Niemand kann absehen, wie lange wir noch hinsichtlich der Exporte vom Malawisee »aus dem vollen schöpfen« können. Es kann deshalb nicht im Sinne des ernsthaften Aquarianers sein, zu einer genetischen Vermischung und Vereinheitlichung der ursprünglichen Arten beizutragen. Gerade die natürliche Vielfältigkeit macht diese Cichlidenarten für den Liebhaber so interessant.

Herzlich danken möchte ich an dieser Stelle all jenen, die zum Entstehen dieses Büchleins beigetragen haben. Stuart Grant (Malawi) und seinen Mitarbeitern möchte ich meinen Dank aussprechen für ihre großzügige

Unterstützung während meiner Untersuchungen am Malawisee. Für das freundliche Entgegenkommen während meines Aufenthaltes in London gilt mein Dank E. Trewavas und A. Wheeler sowie seinen Mitarbeitern vom Britischen Museum. A. Ufermann danke ich für die häufige Beschaffung schwer erhältlicher Literatur. Bei R. Stawikowski als Lektor möchte ich mich für die angenehme Zusammenarbeit bedanken. Nicht zuletzt gilt mein besonderer Dank meinen Eltern und meiner Lebensgefährtin K. Herwig, die mich in vielfältiger Weise unterstützt haben.

Göttingen,
im Oktober 1988 Andreas Spreinat

Inhaltsverzeichnis

Die Kaiserbuntbarsche im geschichtlichen Überblick

Die ersten »Kaiser« werden entdeckt: Aulonocara nyassae

Im Jahre 1922 veröffentlichte der britische Zoologe Charles Tate Regan eine Revision der bis dato bekannten 38 Malawisee-Cichlidenarten und beschrieb zahlreiche neue Arten. Die Neubeschreibungen basierten auf konserviertem Material, das von Rodney C. Wood gesammelt worden war, und erhöhten die Zahl der Arten dieses Sees auf 84. Unter den neuen Arten befanden sich drei Exemplare, die sich von allen anderen damals bekannten Cichliden aufgrund weiter Öffnungen und grubenartiger Vertiefungen im Kopf- und besonders im Wangenbereich deutlich unterschieden. Regan führte deshalb die Gattung *Aulonocara* ein und beschrieb diese drei Cichliden als *Aulonocara nyassae.* Leider konnte Wood seinerzeit, als er den Malawisee besuchte, nicht auf die heute verfügbaren Möglichkeiten zum Fischfang zurückgreifen. Viele Exemplare, die er dem Britischen Museum und damit Regan zur Verfügung stellte, stammten aus den Fängen der einheimischen Fischer. Folglich ist es im nachhinein nicht mehr möglich, den exakten Fundort zu bestimmen.

Regan ahnte, daß dieser See noch eine Fülle weiterer interessanter und der Wissenschaft unbekannter Cichlidenarten aufweisen sollte, und organisierte wenig später eine weitere Expedition zum Malawisee. Unter der Leitung von Cuthbert Christy wurden dann 1925/26 rund 3500 Cichliden gesammelt und dem Britischen Museum zur wissenschaftlichen Erfassung übergeben. Eine Schülerin von Regan, die heute weitbekannte Fischkundlerin Ethelwynn Trewavas, nahm sich dieser enormen Sammlung an. Als Resultat ihrer Arbeit erschien 1935 u.a. eine Übersicht der Cichliden des Malawisees, die hier, soweit die Kaiserbuntbarsche davon betroffen sind, kurz wiedergegeben werden soll.

Von den zahlreichen *Aulonocara,* die in der Christy-Sammlung enthalten waren, bestimmte Trewavas 43 Exemplare als *A. nyassae.* Allerdings befanden sich unter den neuen

A. nyassae größere Exemplare bis zu 18 cm Gesamtlänge, so daß die Erstbeschreibung von Regan entsprechend geändert wurde, um diese großen Tiere zu erfassen. Die Belegexemplare, die Regan zur Verfügung standen, maßen nur 10 bis 12,5 cm.

Zusätzlich enthielt die Christy-Sammlung weitere 28 Cichliden der Gattung *Aulonocara*, von denen 27 Exemplare als *A. rostrata* (= *A. rostratum*) beschrieben wurden. Als Unterscheidungsmerkmal zwischen *A. nyassae* und *A. rostratum* wurde u.a. die längere Schnauze von *A. rostratum* angegeben. Außerdem weist *A. rostratum* in der Wangenregion keine oder nur eine unvollständig ausgebildete Schuppenreihe auf. Anhand der Anzahl der hauptsächlich bei jüngeren Tieren ausgeprägten Querbinden kann man die beiden Arten ebenfalls unterscheiden. Während *A. nyassae* 9 oder 10 Streifen unter der Rückenflosse zeigt, sind es bei *A. rostratum* nur 6 oder 7.

Das 28. Exemplar maß 17 cm und wurde aufgrund der verhältnismäßig größeren Augen und längeren Brustflossen als eigenständige Art betrachtet und als *A. macrochir* beschrieben. Mittlerweile, das sei vorweggenommen, wurde die Art *A. macrochir* im Jahre 1987 von Trewavas wieder eingezogen, da die Unterschiede zu *A. rostratum* nur geringfügig sind (vgl. Meyer et al., 1987). *A. macrochir* ist somit ein Synonym zu *A. rostratum.*

Die Beschreibung der Gattung Trematocranus

Neben den o.a. Arten konnte Christy drei weitere *Aulonocara*-ähnliche Cichlidenarten sammeln, die sich allerdings von den damals bekannten *Aulonocara* deutlich unterschieden. Trewavas stellte diese Tiere in eine neue Gattung, die sie *Trematocranus* nannte. Als Typusart für die Gattung *Trematocranus* wählte sie die Art *T. microstoma* aus. Als Unterschiede zwischen den beiden eng verwandten Gattungen wurden die kleineren Kopfporen bei *Trematocranus* sowie eine größere Anzahl von Schuppenreihen auf den Wangen angegeben. Während die Vertreter der Gattung *Aulonocara* keine oder nur eine, in seltenen Fällen zwei solcher Schuppenreihen aufweisen, sind es bei *Trematocranus* zwei bis vier. Außer der Typusart *T. microstoma*, deren Beschreibung übrigens 20 Exemplare zwischen 14 und 23,2 cm zugrunde lagen, wurden noch die Arten *T. brevirostris* und *T. auditor* beschrieben.

Die siebziger Jahre: Der Durchbruch in der Aquaristik

Danach wurde es für lange Zeit still um die kaiserlichen Fische aus dem fernen Malawisee. Bis zu den siebziger Jahren wurde keine *Aulonocara*- oder *Trematocranus*-Art für die Aquaristik exportiert bzw. importiert. So konnte wohl auch niemand ahnen, wie viele farbenprächtige Kaiserbuntbarsche in den folgenden zwei Jahrzehnten entdeckt und für die Aquaristik exportiert werden sollten. 1972 gelangte dann zum ersten Mal eine *Aulonocara*-Art unter der falschen Bezeichnung *A. nyassae* nach Deutschland. Davies, der erste Exporteur am Malawisee, hatte diese Tiere an der Küste Mozambiques gefunden (Staeck, pers. Mitteilung). Z.Z. werden dort jedoch keine *Aulonocara* mehr gefangen. Bei den eingeführten Tieren handelte es sich generell um geschlechtsreife Individuen, die jedoch in der Regel nur um 10 cm groß waren, also erheblich kleiner als *A. nyassae*. Die geringe Größe und der gesamte Habitus ließen vermuten, daß es sich nicht um den echten *A. nyassae* handelte. Heute wird dieser Kaiserbuntbarsch als *A.* spec. »Rotschulter« bezeichnet und dürfte eng mit *A. hansbaenschi* verwandt sein. Trewavas wies übrigens in einem Artikel, der im Jahre 1984 erschien, erstmals in der Literatur darauf hin, daß es sich bei dieser Art, die lange Zeit in der Aquaristik, aber auch verschiedentlich von Wissenschaftlern unter der Bezeichnung *A. nyassae* geführt wurde, nicht um die besagte Art handele. Ich werde weiter unten nochmals auf diesen Sachverhalt eingehen.

Wenige Jahre später wurden auch an anderen Stellen im See *Aulonocara*-Arten bzw. Standortvarianten entdeckt und exportiert. Oftmals war es nicht klar, ob es sich dabei um »gute« Arten oder nur um geographische Rassen ein und derselben Art handelte. Keine dieser neu entdeckten »Formen« – wie ich es vorsichtig formulieren möchte – war zu diesem Zeitpunkt wissenschaftlich beschrieben. Da man all diese Formen nicht als *A.* spec. verkaufen konnte, wurden sie mit den unterschiedlichsten Handelsnamen belegt. Dabei blieb es nicht aus, daß ein und derselbe Fisch oftmals unter mehreren Bezeichnungen verkauft wurde, was erhebliche Verwirrung stiftete. Doch mehr zu diesem Problem in einem der nächsten Kapitel.

Auch in der Gattung *Trematocranus* tat sich etwas. Bislang waren nur die von Trewavas 1935 beschriebenen drei Arten *T. microstoma, brevirostris* und *auditor* wissenschaftlich bekannt. Aquaristische Bedeutung hatte keine dieser Arten erlangt. 1973 erschien dann die Erstbeschreibung von *T. peterdaviesi* von Burgess und Axelrod. Der Artname stellt einen sogenannten Dedikations- oder Widmungsnamen dar, d.h., diese Art wurde zu Ehren von Davies, dem ersten Exporteur am Malawisee, für seine Verdienste bei der Entdeckung neuer Cichlidenarten benannt. Auch diese Art war und ist aquaristisch unbekannt. 1987 wurde *T. peterdaviesi* zunächst in die Gattung *Lethrinops* gestellt, da es sich anscheinend nicht um eine *Trematocranus*- oder *Aulonocara*-Art handelt (MEYER et al., 1987). Ein Jahr später erfolgte eine weitere Umstellung; der *»peterdaviesi«* wurde in die neu aufgestellte Gattung *Alticorpus* eingegliedert (s.u.).

Johnson beschrieb 1974 die neue Art *Trematocranus jacobfreibergi*, die sich in den folgenden Jahren immer größerer Beliebtheit bei den Aquarianern erfreute. Unterschiedlich gefärbte Standortvarianten dieser Art sind auch heute noch unter verschiedenen Handelsbezeichnungen im Umlauf.

1984/85: Drei weitere Aulonocara-Arten werden beschrieben

1984 war es wieder Trewavas, die den bis dato unter der Handelsbezeichnung »Schwefelkopf-Buntbarsch« oder auch »*Haplochromis*-Sulphur Head« bekannten Kaiserbuntbarsch als *A. maylandi* wissenschaftlich beschrieb. In der gleichen Veröffentlichung weist die Autorin darauf hin, daß es anscheinend zwei ökologische Gruppen von Kaiserbuntbarschen gibt. In erster Linie unterscheiden sich diese beiden Gruppen durch ihre Lebensweise und Kopfform, aber auch – zumindest nach dem bisherigen Kenntnisstand – durch ihre Körpergröße. Auf diese Einteilung, die eine sinnvolle Gliederung der bekannten Arten erlaubt, werde ich in einem gesonderten Kapitel eingehen.

In dem folgenden Jahr waren es die Autoren MEYER und RIEHL, die zwei weitere, bislang nur unter Handelsbezeichnungen bekannte Arten wissenschaftlich beschrieben. Die in der Nähe der Ortschaft Chilumba an der Nordwest-Küste des Sees lebende *Aulonocara*-Population wurde zu Ehren des z.Z. tätigen Zierfischexporteurs Stuart Grant als *A. stuartgranti* beschrieben. Diese Kaiserbuntbarsche waren dem Aquarianer vorher unter der Handelsbezeichnung *A.* »Chilumba« bekannt. Die zweite Art erhielt den Namen *A. baenschi*, um die Verdienste von Baensch in der Aquaristik zu würdigen. Hinter dieser wissenschaftlichen Artbezeichnung verbirgt sich der unter der Handelsbezeichnung *A.* »Benga« bekannt gewordene gelbe Kaiserbuntbarsch.

Die Revision im Jahre 1987

Zwei Jahre später, also im Jahre 1987, veröffentlichten MEYER, RIEHL und ZETZSCHE eine Revision der Gattung *Aulonocara*. Innerhalb dieser Arbeit erfolgte auch die Erstbeschreibung zahlreicher bislang nur unter Handelsbezeichnungen bekannter *Aulonocara*-Arten. In enger Zusammenarbeit mit dem in Malawi ansässigen Zierfisch-Exporteur Stuart Grant, der die Tiere fing und zur Verfügung stellte, wurden die sechs folgenden Arten beschrieben (in Klammern die alte Handelsbezeichnung, sofern vorhanden): *A. ethelwynnae* (*A.* »Chitendi«), *A. hansbaenschi* (*A.* »Red Flush«), *A. hueseri* (*A.* »White Top Likoma«), *A. korneliae* (*A.* »Blue Gold Chisumulu«), *A. saulosi* und *A. steveni*. Der Großteil der für die Aquaristik exportierten bzw. importierten *Aulonocara*-Arten wurde von dieser Revision erfaßt. Einige wenige Arten, die z.Z. in den Handel gelangen, sind jedoch auch weiterhin nur unter Trivial- bzw. Handelsnamen erhältlich und wissenschaftlich unbekannt, so daß auch in Zukunft mit weiteren Erstbeschreibungen zu rechnen ist.

Neben diesen Erstbeschreibungen hat die Meyersche Revision jedoch noch weitere Änderungen innerhalb der Systematik der Kaiserbuntbarsche zur Folge. So wurden die Feenbuntbarsche, die seit ihrer Erstbeschreibung durch Trewavas im Jahre 1935 in der Gattung *Trematocranus* geführt wurden, in die Gattung *Aulonocara* gestellt, d.h., die Gattung *Trematocranus* wurde eingezogen, da Meyer und Mitarbeiter unter den von ihnen neu beschriebenen Arten »Übergangsformen« fanden, die teils typische Körpermerkmale eines *Aulonocara*, teils jedoch auch solche Körpermerkmale aufwiesen, wie sie sonst für die Vertreter der Gattung *Trematocranus* typisch waren. Eine klare Abgrenzung der Gattungen *Trematocranus* und *Aulonocara* erschien den Autoren somit nicht länger möglich, und sie stellten sämtliche Arten in eine Gattung. Da die Gattung *Aulonocara* bereits 1922 von Regan beschrieben worden war und somit die »ältere« Gattung ist, wurden die Gattung *Trematocranus* eingezogen und ihre Vertreter zur Gattung *Aulonocara* gestellt. Die Folge war wiederum eine neue Definition der Gattung *Aulonocara*, um auch die neu eingegliederten Arten zu erfassen.

Es sei an dieser Stelle nicht verschwiegen, daß die Revision von Meyer et al. (1987) auch auf Kritik gestoßen ist (z.B. Staeck, 1988). Die Ergebnisse älterer Publikationen wurden von den Autoren vielfach unberücksichtigt gelassen und nicht im Zusammenhang mit den eigenen Ergebnissen betrachtet. Weiterhin erscheint es mehr als fragwürdig, ob eine Einordnung sämtlicher Kaiserbuntbarsche in eine Gattung den tatsächlichen Verwandtschaftsverhältnissen gerecht wird.

Für die Aquaristik bleibt festzuhalten, daß durch die Beschreibung der sechs Arten die verwirrende Vielzahl der Handelsbezeichnungen, die für diese Arten bislang verwendet wurde, durch jeweils einen wissenschaftlichen Namen ersetzt worden ist.

Der Vollständigkeit halber soll erwähnt werden, daß in der Revision

Tab. 1: Überblick zur Taxonomie der Kaiserbuntbarsche

1922:	Erstbeschreibung	*Aulonocara* Regan, 1922 *Aulonocara nyassae* Regan, 1922
1935:	Erstbeschreibung	*Aulonocara rostratum* Trewavas, 1935 *Aulonocara macrochir* Trewavas, 1935 *Trematocranus* Trewavas, 1935 *Trematocranus microstoma* Trewavas, 1935 *Trematocranus auditor* Trewavas, 1935 *Trematocranus brevirostris* Trewavas, 1935
1972:	Import des Rotschulter-*Aulonocara* fälschlicherweise unter der Bezeichnung *A. nyassae*; in den folgenden Jahren Import zahlreicher neuer *Aulonocara*-Arten unter Handelsbezeichnungen	
1973:	Erstbeschreibung	*Trematocranus peterdaviesi* Burgess & Axelrod, 1973
1974:	Erstbeschreibung	*Trematocranus jacobfreibergi* Johnson, 1974
1984:	Erstbeschreibung	*Aulonocara maylandi* Trewavas, 1984
1985:	Erstbeschreibung	*Aulonocara stuartgranti* Meyer & Riehl, 1985 *Aulonocara baenschi* Meyer & Riehl, 1985
1987:	Revision der Gattungen *Aulonocara* und *Trematocranus*; Gattung *Trematocranus* wird eingezogen; die Arten werden zu *Aulonocara* gestellt; Neudefinition der Gattung *Aulonocara* (Meyer, Riehl & Zetzsche, 1987)	
	Erstbeschreibung	*Aulonocara ethelwynnae* Meyer, Riehl & Zetzsche, 1987 *Aulonocara korneliae* Meyer, Riehl & Zetzsche, 1987 *Aulonocara hansbaenschi* Meyer, Riehl & Zetzsche, 1987 *Aulonocara hueseri* Meyer, Riehl & Zetzsche, 1987 *Aulonocara saulosi* Meyer, Riehl & Zetzsche, 1987 *Aulonocara steveni* Meyer, Riehl & Zetzsche, 1987

Tab. 1: Fortsetzung

	Gattungswechsel		
		von:	*Cyrtocara macrocleithrum* Stauffer & McKaye, 1985
		zu:	*Aulonocara macrocleithrum* (Stauffer & McKaye, 1985)
		von:	*Trematocranus peterdaviesi* Burgess & Axelrod, 1973
		zu:	*Lethrinops peterdaviesi* (Burgess & Axelrod, 1973)
1987:	Einstufung von *Aulonocara macrochir* Trewavas, 1935 als Synonym von		*Aulonocara rostratum* Trewavas, 1935 (Meyer, Riehl & Zetzsche, 1987)
	Beschreibung der Unterart *Aulonocara maylandi kandeensis*		Tawil & Allgayer, 1987
	Gattungswechsel		
		von:	*Tilapia trematocephala* Boulenger, 1901
		zu:	*Aulonocara trematocephala* (Boulenger, 1901) (Poll, 1987)
1988:	Erstbeschreibung		*Alticorpus* Stauffer & McKaye, 1988 *Alticorpus mentale* Stauffer & McKaye, 1988 *Alticorpus pectinatum* Stauffer & McKaye, 1988 *Alticorpus profundicola* Stauffer & McKaye, 1988
	Gattungswechsel		
		von:	*Aulonocara macrocleithrum* (Stauffer & McKaye, 1985)
		zu:	*Alticorpus macrocleithrum* (Stauffer & McKaye, 1985)
		von:	*Lethrinops peterdaviesi* (Burgess & Axelrod, 1973)
		zu:	*Alticorpus peterdaviesi* (Burgess & Axelrod, 1973) (Stauffer & McKaye, 1988)

noch folgende Umgruppierungen vorgenommen worden sind. Der unter dem Namen *Trematocranus peterdaviesi* von BURGESS & AXELROD 1973 beschriebene Cichlide wurde in die Gattung *Lethrinops* gestellt. Demgegenüber wurde *Cyrtocara macrocleithrum* STAUFFER & MCKAYE 1985 taxonomisch zu den Kaiserbuntbarschen in die Gattung *Aulonocara* überführt. Allerdings wurden diese beiden taxonomischen Änderungen schon ein Jahr später durch STAUFFER & MCKAYE (1988) korrigiert, indem sie die beiden genannten Arten in die neu aufgestellte Gattung *Alticorpus* stellten.

Leider gingen MEYER und Mitarbeiter in ihrer Revision nicht auf die von Trewavas vorgeschlagene Einteilung der Kaiserbuntbarsche in zwei ökologische Gruppen ein (TREWAVAS, 1984). Dennoch halte ich diese Einteilung für sehr sinnvoll und möchte im nächsten Kapitel darauf zu sprechen kommen.

Ende 1987 erschienen noch zwei weitere Arbeiten, die die Gattung *Aulonocara* betrafen. So waren es TAWIL & ALLGAYER (1987), die die Unterart *A. maylandi kandeensis* beschrieben. POLL (1987) stellte fest, daß das seinerzeit von BOULENGER 1901 als *Tilapia trematocephala* beschriebene Exemplar nicht wie angegeben aus dem Tanganjikasee stammen kann, sondern wohl im Malawisee gefangen wurde. Aufgrund morphologischer Merkmale schlägt POLL vor, diese Art zur Gattung *Trematocranus* zu stellen, so daß es unter Berücksichtigung der Revision von MEYER et al. (1987) nun *Aulonocara trematocephala* heißen muß.

Die Gattung Alticorpus

Erst jüngst erschien eine Publikation, in der eine neue, im Malawisee endemisch lebende Cichlidengattung beschrieben wurde. Diese neue Gattung wurde *Alticorpus* (= hoher Körper) genannt und umfaßt Cichlidenarten, die in ihrer Körperform wie hochrükkige Kaiserbuntbarsche aussehen (STAUFFER & MCKAYE, 1988). Gleichzeitig wurden die drei neuen Arten *A. mentale, A. pectinatum* und *A. profundicola* beschrieben. Des weiteren wurde die Art *Aulonocara macrocleithrum*, die seinerzeit als *Cyrtocara macrocleithrum* beschrieben und von

1 2 / 3 4 / 5 6 / 7 8 1) Aulonocara baenschi (Benga), ♂ kurz nach dem Fang im Fotobeken. 2) Aulonocara baenschi (Benga), ♂. 3) Aulonocara baenschi (Benga), ♀. 4) Aulonocara baenschi (Chipoka), ♂. 5) Aulonocara »Usisya«, ♂ mit großflächiger Blaufärbung am Kopf. 6) Aulonocara »Usisya«, frisch gefangenes ♂. 7) Aulonocara »Usisya«, ♂. 8) Aulonocara »Usisya«, ♀.

MEYER et al. (1987) zu *Aulonocara* gestellt worden war, der neuen Gattung *Alticorpus* zugeordnet. Das gleiche erfolgte mit dem ehemaligen *Trematocranus*-Vertreter *T. peterdaviesi*, der von MEYER et al. (1987) zwischenzeitlich als *Lethrinops*-Art eingestuft worden war, so daß die Gattung *Alticorpus* nun durch insgesamt fünf Arten vertreten ist. Leider gingen STAUFFER & MCKAYE in ihrer Publikation nicht auf die von MEYER et al. (1987) vorgelegte Revision ein; möglicherweise befand sich das Manuskript jedoch bereits im Druck, als die Meyersche Revision erschien.

Als gattungstypische Merkmale zeigen alle Vertreter der Gattung *Alticorpus* eine kleine Vorwölbung im vorderen unteren Bereich des Unterkiefers und vergrößerte Öffnungen des Seitenlinien-Systems im Kopfbereich, die besonders unterhalb des Auges auf dem Vorkiemendeckel in Form kleiner Grübchen zu erkennen sind. Diese Öffnungen sind auch bei der Gattung *Aulonocara* beschrieben worden (REGAN, 1922), doch ist eine derartige Kombination von Merkmalen nach Ansicht der Autoren bei keiner anderen Cichlidengattung bislang beobachtet worden, so daß sie es für sinnvoll hielten, diese neue Gattung einzuführen (STAUFFER & MCKAYE, 1988).

Alle *Alticorpus*-Arten bewohnen Wasserschichten unterhalb von 50 m Tiefe. Mit den herkömmlichen Methoden sind sie lebend nicht zu fangen, so daß den Vertretern dieser Gattung zumindest in naher Zukunft wohl keine aquaristische Bedeutung zukommen wird.

9 10
11 12
13

9) Aulonocara »Black Top Chisumulu«, ♂ im natürlichen Lebensraum. 10) Aulonocara »Black Top Chisumulu«, ♂. 11) Aulonocara »Chitendi Type East Coast«, ♂, UW-Foto nahe der Ortschaft N'tekete. 12) Aulonocara »Cobue«, frischgefangenes ♂. 13) Aulonocara »Chitendi Type East Coast«, ♂.

Die beiden ökologischen Gruppen der Gattung Aulonocara

Als Trewavas 1984 die Erstbeschreibung von *A. maylandi* veröffentlichte, stellte sie fest, daß *A. maylandi* sowie weitere damals nur unter Handelsbezeichnungen bekannte *Aulonocara*-Arten deutlich verschieden von den bisher beschriebenen Arten *A. nyassae* und *A. rostratum* sind. Anscheinend gibt es zwei ökologische Gruppen von Kaiserbuntbarschen, die sich in erster Linie durch ihre Lebensweise und Kopfform, aber auch – nach bisherigem Kenntnisstand – durch ihre Körpergröße unterscheiden. Trewavas führte deshalb die zwei Gruppen der sogenannten Fels- und Sand-*Aulonocara* ein. Auch die erst nach 1984 bekannt gewordenen Arten lassen sich in dieses System eingliedern.

Die Fels-Aulonocara

Zu dieser ersten Gruppe gehören all jene *Aulonocara*, die felsigen Untergrund, genauer gesagt die Übergangszone zwischen Fels- und Sandgrund in Tiefen zwischen wenigen Metern und ca. 30 m bevorzugen. Die Fels-*Aulonocara* sind in der Aquaristik allgemein bekannt geworden. Es handelt sich um relativ kleinwüchsige Arten, die unter natürlichen Bedingungen bei einer Gesamtlänge von etwa 7–9 cm geschlechtsreif sind. Sie besitzen eine kurze, mehr oder weniger abgerundete Schnauze, und die Männchen sind in der Regel sehr farbenprächtig. Neben *A. maylandi* sind als weitere Mitglieder dieser Gruppe also jene *Aulonocara* zu nennen, die unter verschiedenen Handelsbezeichnungen in der Aquaristik im Umlauf sind, bzw. die Arten, die von Meyer und Mitarbeitern 1985 und 1987 wissenschaftlich beschrieben worden sind. Die ehemalige *Trematocranus*-Art *A. jacobfreibergi* ist in diese Gruppe nur bedingt einzuordnen, da sie überwiegend in Höhlen angetroffen wird. Eine Übersicht der Arten beider Gruppen ist in Tab. 2 wiedergegeben.

Die Sand-Aulonocara

Die zweite ökologische Gruppe der Kaiserbuntbarsche wird durch die reinen Sandgrund bewohnenden *Aulonocara* repräsentiert, deren Vertreter mit 15–18 cm Gesamtlänge insgesamt wesentlich größer sind und eine mehr oder weniger spitz zulaufende Kopfform besitzen. In diese Gruppe stellte TREWAVAS 1984 *A. rostratum* und auch *A. nyassae*. Allerdings bleibt anzumerken, daß das von REGAN anläßlich der Erstbeschreibung von *A. nyassae* in einer Zeichnung wiedergegebene Exemplar keine ausgeprägt spitz zulaufende Kopfform besitzt. Möglicherweise wurde ein noch junges Tier abgebildet. TREWAVAS betonte 1984, als sie den Vorschlag zur Einteilung der *Aulonocara*-Arten in zwei ökologische Gruppen veröffentlichte, daß es sich bei dem von verschiedenen Autoren bislang als *A. nyassae* abgebildeten und beschriebenen Cichliden nicht um *A. nyassae* handele, sondern um einen bis dahin unbeschriebenen Vertreter der Fels-*Aulonocara*. Vermutlich wurde *A. nyassae* noch nie für die Aquaristik exportiert.

Seit der Bearbeitung und Revision der Gattung *Aulonocara* durch MEYER und Mitarbeiter wurden ja – wie bereits erwähnt – die Gattung *Trematocranus* eingezogen und die dort bislang geführten Arten zur Gattung *Aulonocara* gestellt. Bis auf *A. jacobfreibergi*, der zu den Fels-*Aulonocara* zählt, ist kaum etwas über die Lebensweise der anderen drei ehemaligen und aquaristisch bedeutungslosen *Trematocranus*-Arten *A. auditor, A. brevirostre* und *A. microstoma* bekannt. Von der Größe her ist *A. microstoma* mit Sicherheit der Gruppe der Sand-*Aulonocara* zuzuordnen. Bei den beiden anderen Arten ist eine Zuordnung unsicher; wahrscheinlich handelt es sich aber ebenfalls um Sand-*Aulonocara*.

Die Vertreter der Sand-*Aulonocara*-Gruppe wurden bislang nur mit Schleppnetzen in größeren Tiefen – meist unterhalb von 50 m – für wissenschaftliche Zwecke gefangen. In der Aquaristik haben diese sandbewohnenden Arten aus verständlichen Gründen keine Bedeutung erlangt. Einerseits ist es mit den herkömmlichen, für den Zierfischfang verwendeten Methoden nicht möglich, diese Tiere in größeren Stückzahlen lebend zu fangen, andererseits sind sie längst nicht so farbenprächtig wie die felsbewohnenden Kaiserbuntbarsche.

Obwohl es sich bei den Arten der jüngst aufgestellten Gattung *Alticorpus* nicht um Kaiserbuntbarsche im engeren Sinne handelt und auch nur sehr wenig über die Lebensweise der fünf *Alticorpus*-Arten bekannt ist, dürften die Vertreter dieser Gattung ökologisch wohl in die vorliegende Gruppe einzuordnen sein. Dafür sprechen allein die Tatsachen, daß alle *Alticorpus*-Vertreter in Wasserschichten tiefer als 50 m gefangen worden sind und deutlich größer als 10 cm werden.

Tab. 2: Überblick über die beiden ökologischen Gruppen der Gattung Aulonocara

Fels-Aulonocara:	Sand-Aulonocara:
A. baenschi (Benga)	*A. auditor**)
A. baenschi (Maleri)	*A. brevirostre**]
A. baenschi (Chipoka)	*A. microstoma*
A. »Black Top Chisumulu«	*A. nyassae*
A. »Blue«	*A. rostratum*
A. »Blue Collar«	*A. trematocephala**)
A. »Chitendi Type East Coast«	
A. »Cobue«	
A. ethelwynnae	
A. »Glanzpunkt«	
A. »Greenface Metallic«	
A. hansbaenschi	
A. hueseri	
A. jacobfreibergi m. E.	
A. »Kande Braun«	
A. korneliae	
A. »Lions Cove«	
A. maylandi maylandi	
A. maylandi kandeensis	
A. »Nkhata Bay«	
A. »Rotschulter«	
A. saulosi	
A. steveni	
A. stuartgranti (Chilumba)	
A. stuartgranti (Mbenji)	
A. »Usisya«	
A. »Walteri«	

Nicht aufgeführt wurden die Arten der Gattung *Alticorpus, A. mentale, A. pectinatum, A. profundicola, A. macrocleithrum* und *A. peterdaviesi*, die ökologisch betrachtet vermutlich eine den Sand-*Aulonocara* entsprechende Lebensweise führen.

*) Zuordnung nicht gesichert

Einige Worte zur Biologie der Fels-Aulonocara

Da über die Gruppe der Sand-*Aulonocara* bislang nur sehr wenig bekannt geworden (Trewavas, 1984) und diese Gruppe aquaristisch ohne Bedeutung ist, sei in diesem Kapitel in der gebotenen Kürze nur auf die Gruppe der Fels-*Aulonocara* eingegangen.

Die hier wiedergegebenen Erkenntnisse gründen sich in erster Linie auf die Arbeiten von Fryer (1959) und Grant et al. (1987). Fryers Untersuchungen wurden weitgehend in dem Küstenbereich um Nkhata Bay durchgeführt. Die von ihm gefangenen *Aulonocara* waren jedoch nicht, wie angegeben, *A. nyassae*, sondern sehr wahrscheinlich *A.* »Nkhata Bay«. Dieser Kaiserbuntbarsch ist vermutlich als geographische Rasse von *A. stuartgranti* einzuordnen (vgl. S. 83). Fryers Ergebnisse konnten durch die Untersuchungen von Grant et al., die an verschiedenen Arten von Fels-*Aulonocara* durchgeführt wurden, weitgehend bestätigt werden.

Zusammenfassend läßt sich sagen:

1. Fast alle bisher bekannten Fels-*Aulonocara* besiedeln den Sand-Fels-Übergangsbereich. Vom flachen 3 m-Bereich bis in Tiefen von über 40 m zeigen viele Fels-*Aulonocara* eine hohe Fähigkeit zur Anpassung an verschiedene Wassertiefen. In einigen Fällen werden größere Steine bzw. kleine Felsen bevorzugt, die durch überhängende Strukturen höhlenartige Unterstände bilden. Vielfach findet man jedoch nur wenige runde Steine auf Sandgrund verstreut, zwischen denen sich Fels-*Aulonocara* aufhalten. Männchen sind überwiegend territorial. Zentrum des Reviers ist eine kleine Höhle oder auch ein Spalt zwischen zwei größeren Steinen. Weibchen neigen zur Gruppenbildung und befinden sich oftmals auf den angrenzenden Sandflächen, manchmal auch zwischen den Männchen-Revieren. In den Gruppen der Weibchen trifft man häufig auch »verkappte« Männchen an, die die typische Männchenfärbung nur andeutungsweise ausgeprägt haben. Vielfach handelt es sich dabei um jüngere Männchen, die kein eigenes Revier zur Verfügung haben. Erst wenn ein freies Revier vorhanden ist, färben sich

diese Tiere zu »vollwertigen« Männchen um. Die Populationsdichte kann sehr unterschiedlich sein. In einigen Fällen findet man nur vereinzelt einige Männchen bzw. Weibchen. Eine Abschätzung der Reviergröße ist daher nur schwer möglich. Bei Kande Island konnte ich eine sehr hohe Populationsdichte von *A. maylandi kandeensis* feststellen. Nahezu jeder verfügbare Raum war von einem sexuell aktiven Männchen besetzt. Die Abstände der einzelnen Männchenreviere betrugen oft nur 60–80 cm. Auffallend war hier, daß Mbunas oder größere *»Haplochromis«*-Arten, verglichen mit anderen Biotopen, mengenmäßig weit zurücktraten. Möglicherweise konnten die Kaiserbuntbarsche dadurch eine solch hohe Populationsdichte erreichen.

2. Eine Ausnahme bildet *A. jacobfreibergi*. Diese Art – einschließlich verschiedener ihrer Standortvarianten – bevorzugt enge Höhlen, die z.T. mehrere Meter in den Fels hineinreichen. In derartigen Höhlen leben kleine Gruppen dieser Art. Jedoch ist – anders als bei den unter 1. aufgeführten Bedingungen – meist nur ein sexuell aktives Männchen pro Gruppe vorhanden, das die Lebensgemeinschaft in der Höhle dominiert (vgl. S. 66). Nur in größeren Höhlen ist es anscheinend möglich, daß zwei oder mehrere Männchen nebeneinander Reviere bilden und sexuell aktiv sind (Staeck, 1988).

3. Magenuntersuchungen ergaben, daß sich die meisten Fels-*Aulonocara* überwiegend von Insektenlarven ernähren, die sie vom Sand- oder Steinuntergrund aufnehmen. Weiterhin wurden in den Mägen auch Mollusken (Weichtiere) und Ostracoden (Muschelkrebschen) gefunden.

4. Typisches Merkmal der Gattung *Aulonocara* sind die im Kopfbereich ausgebildeten Poren bzw. grubenartigen Vertiefungen, die mit dem Seitenliniensystem in Verbindung stehen. Es wird vermutet, daß Kaiserbuntbarsche in der Lage sind, mit diesen speziellen Ausbildungen kleinste Druckschwankungen zu registrieren. Vielfach wurde angenommen, daß dies eine Anpassungserscheinung an dunkle Höhlen oder große Wassertiefen sein könnte. Nach der Beschaffenheit der geschilderten Lebensräume ist diese Annahme jedoch unwahrscheinlich. Wie wir gesehen haben, leben die meisten *Aulonocara* nicht in Höhlen. Auch die Wassertiefe allein kann zumindest bei den Fels-*Aulonocara* nicht der alleinige Grund für die Ausbildung der Kopfporen sein. Viele Mbunas und auch *»Haplochromis«*-Arten besiedeln ähnliche Wassertiefen, ohne derartige Kopfporen ausgebildet zu haben. Außerdem ist es nicht so, daß in 30 oder 40 m Tiefe Finsternis herrscht. Auch ohne Lampe kann man aufgrund des klaren Wassers des Malawisees sehr gut sehen. In diesem Zusammenhang muß erwähnt wer-

den, daß viele Fels-*Aulonocara* durch ihre vergleichsweise großen Augen auffallen. Danach könnte man auf eine nächtliche Lebensweise schließen. Während verschiedener Nachttauchgänge auf Likoma und Chisumulu konnte ich jedoch bei Kaiserbuntbarschen keine gesteigerte Nachtaktivität feststellen. Sie waren ebenso »schlaftrunken« wie Mbunas und *»Haplochromis«*-Arten, wenn sie mit dem Scheinwerfer angeleuchtet wurden. Insgesamt dürfte es wohl zum derzeitigen Zeitpunkt sehr schwierig sein, eindeutige Schlüsse zur Bedeutung der Kopfporen zu ziehen. Wahrscheinlich dienen die Kopfporen zur Erkennung von Druckänderungen, die von Insekten und anderen Beutetieren hervorgerufen werden. Auch die rechtzeitige Wahrnehmung von Druckschwankungen, die von räuberischen Großcichliden oder anderen Fischfressern, wie z.B. großen Welsen, hervorgerufen werden, könnte eine Rolle spielen.

Der Namenswirrwarr

Geht man die verschiedenen Händler-Preislisten oder die zahlreichen Kleinanzeigen in den einschlägigen Fachzeitschriften durch, so entsteht sehr leicht der Eindruck, als ob es eine immense Fülle von verschiedenen Arten, geographischen Rassen, Farbformen und was sonst noch alles bei den Kaiserbuntbarschen gibt. In der Tat kennen wir zahlreiche gute Arten, von denen einige in mehreren geographischen Farbvarianten existieren. Daneben sind noch weitere Arten unbeschrieben und werden unter sog. Handelsbezeichnungen oder Trivialnamen gehandelt. Wenn ich an dieser Stelle versuche, über die zahlreichen Arten bzw. geographischen Rassen einen Überblick zu geben, muß ich betonen, daß diese Formenfülle, die es laut Anzeigen und Preislisten gibt, real nicht existiert. Der überwiegende Teil der Handels-Bezeichnungen ist mehr als doppelt oder dreifach »gemoppelt«. Hinter mehreren verschiedenen Handelsnamen verbirgt sich häufig ein und dieselbe Form bzw. Art. Sobald man sich mit Kaiserbuntbarschen beschäftigt, wird man zwangsläufig mit dem Problem der Namensgebung konfrontiert. Dies gilt auch für viele andere Malawisee-Cichliden und z.T. auch für manche Cichlidengruppen aus dem Tanganjikasee. Bei den Kaiserbuntbarschen scheint die mehrfache Belegung eines Fisches mit verschiedenen Bezeichnungen jedoch besonders ausgeprägt zu sein.

Betrachten wir zunächst die wissenschaftlichen Namen. Sie bestehen aus Gattungs- und Artnamen und

14 14) Aulonocara ethelwynnae, ♂.
15 15) Aulonocara ethelwynnae, ♀.

werden üblicherweise *kursiv* geschrieben. Um einen wissenschaftlichen Namen zu vergeben, muß eine neue, d.h. der Wissenschaft bislang unbekannte Art beschrieben werden. Diese Erstbeschreibung enthält neben einer Beschreibung und Abgrenzung gegenüber ähnlichen bzw. verwandten Arten auch den neuen Namen für die betreffende Art. Die Beschreibung muß unter Berücksichtigung bestimmter Kriterien veröffentlicht werden. Außerdem sollten die Belegexemplare, also jene Exemplare, nach denen die Beschreibung der neuen Art erfolgte, in einem Museum hinterlegt werden. Erstbeschreibungen sind, sofern sich der Autor nicht geirrt hat und es sich tatsächlich um eine neue Art handelt, international bindend.

16
17 18

16) Aulonocara »Greenface Metallic«, ♂. 17) Aulonocara »Greenface Metallic«, ♀. 18) Aulonocara »Greenface Metallic«, ♂, deutlich sind die weiten Öffnungen des Seitenlinien-Systems zu erkennen.

Wie sieht es nun in der Praxis aus? Der Exporteur am Malawisee fängt einen Cichliden, bei dem es sich dem ersten Anschein nach um einen Vertreter der Gattung *Aulonocara* handelt. Anhand der Kopfporen und auch aufgrund des gesamten Erscheinungsbildes ist es bei vielen Vertretern dieser Gattung möglich, sie ohne weitere morphologische Untersuchungen der Gattung *Aulonocara* zuzuordnen. Viel schwieriger wird es jedoch, nicht nur die Gattungs-, sondern auch die Artzugehörigkeit zu bestimmen. Nun könnte man vielleicht annehmen, daß eine Artbestimmung der gefangenen Tiere möglich wäre, sofern eine Erstbeschreibung von dieser Art bereits existiert. Leider ist dies jedoch in sehr vielen Fällen überaus schwierig. Einerseits werden Erstbeschreibungen überwiegend in wissenschaftlichen Fachzeitschriften veröffentlicht, die meist nur in großen Bibliotheken einzusehen und nicht am nächsten Kiosk erhältlich sind. Andererseits sind ältere Erstbeschreibungen oft sehr dürftig bezüglich der Angabe von Farbmerkmalen, die von Aquarianern zur Bestimmung von *Aulonocara*-Arten in erster Linie herangezogen werden. Diese älteren Erstbeschreibungen basierten häufig auf toten, d.h. konservierten Exemplaren, ohne daß die Lebendfärbung bekannt war. Aus diesen Gründen ist es dem jeweiligen Exporteur am See oftmals nicht möglich, eine genaue

Artzuweisung bei einem neu gefangenen Cichliden vorzunehmen. Sofern er den Fisch als *Aulonocara* spec. (spec. = species = Art) den Importeuren in Deutschland oder anderswo anbietet, wird das Problem der Namensgebung auf den Importeur verlagert. Man könnte fragen, warum man es nicht bei dem Namen *Aulonocara* spec. belassen kann, bis sich ein Wissenschaftler dieses Problems annimmt. Dieser Einwand ist berechtigt, solange nur eine unbekannte *Aulonocara*-Art gefangen wird. Sobald die zweite Art entdeckt und exportiert wird, müssen irgendwelche Bezeichnungen zur Unterscheidung beider Arten vergeben werden. Namenlose »Produkte« lassen sich nun einmal schlecht verkaufen.

Die oben angestellten Betrachtungen bezogen sich auf die Probleme bei der Artbestimmung von Fischen, die bereits beschrieben worden sind. Bei nahezu allen bislang im Aquarium gepflegten *Aulonocara*-Arten lag eine wissenschaftliche Erstbeschreibung zum Zeitpunkt ihrer Entdeckung durch einen Zierfisch-Exporteur jedoch nicht vor, d.h., diese Arten waren wissenschaftlich noch unbekannt. Somit erübrigte sich die Arbeit, diese neu entdeckten Arten mit bereits beschriebenen Arten vergleichen zu müssen.

Folglich wurden die meisten Kaiserbuntbarsche, die im Laufe der Jahre entdeckt und für den Zierfischhandel exportiert wurden, mit Handelsnamen belegt, die in der Regel Hinweise auf den Fundort oder charakteristische Merkmale der jeweiligen Art enthielten. So wurde zum Beispiel *A. korneliae* als *A.* »Blue Gold Chisumulu« in den Handel gebracht, wobei in der Handelsbezeichnung sowohl der Fangort Chisumulu als auch typische Farbmerkmale genannt werden. In seltenen Fällen wurde auch der Name des jeweiligen Entdeckers oder einer anderen Person verwendet, um den neuen Kaiserbuntbarsch zu benennen. *Aulonocara* »Reginae« bezieht sich auf die Schwester des früher tätigen Exporteurs N. Edwards und dürfte tatsächlich eine Farbvariante von *A. jacobfreibergi* darstellen. Handelsbezeichnungen müssen im Gegensatz zu den wissenschaftlichen Artnamen in Anführungszeichen gesetzt werden. Dies ist zur Unterscheidung unumgänglich, denn viele Handelsbezeichnungen tragen latinisierte Endungen, so daß leicht der Eindruck entstehen kann, es würde sich um eine bereits wissenschaftlich beschriebene Art handeln.

Soweit so gut, möchte man meinen. Jede zunächst unbekannte Art erhält vom Exporteur eine vorläufige Benennung, und sowohl Aquarianer als auch Wissenschaftler benutzen diese Bezeichnung als vorläufigen Arbeitsnamen, bis die Art beschrieben wird und einen wissenschaftlichen Namen erhält. Weit gefehlt! Oftmals wird der

Handelsname nicht korrekt weitergegeben, so daß man am Ende nicht mehr erkennen kann, welcher Kaiserbuntbarsch ursprünglich gemeint war. Andererseits scheint es sowohl unter verschiedenen Importeuren als auch unter Hobbyzüchtern üblich zu sein, »neue« Arten oder Varianten auf dem Papier zu entdecken. Ein neuer Name für einen längst bekannten Fisch – und schon ist die gesuchte Seltenheit, für einen entsprechenden Preis versteht sich, auf den Markt gebracht. Der Angeschmierte ist natürlich der Aquarianer, der beim Erwerb dieser taxonomisch vergleichsweise schwierigen Cichlidenarten nicht nur den Fisch, sondern auch den Namen sozusagen mitkauft.

Das Resultat der geschilderten Umstände ist dann die eingangs erwähnte Fülle an tatsächlich nicht vorhandenen Farbrassen bzw. Arten. Was kümmert mich die Systematik, könnte man als Aquarianer entgegnen. Natürlich wird es manchen Aquarianern gleichgültig sein, ob es sich bei dem Fisch, den sie gerade pflegen, um diese oder um jene Art handelt. Allerdings habe ich die Erfahrung gemacht, daß die weitaus überwiegende Mehrheit der Cichlidenpfleger nicht nur Cichliden halten, sondern auch züchten will. Und genau da fangen die Probleme an. Wer sich für die Unterschiede zwischen den einzelnen Arten bzw. Standortvarianten und die damit verbundene Systematik nicht interessiert, wird wohl kaum in der Lage sein, die richtigen Zuchtpaare zusammenzustellen. Wer dann ohne Kenntnis der verschiedenen Arten/Standortvarianten züchtet, wird zwangsläufig zum Entstehen einer »genetischen Einheitssuppe« in unseren Aquarien beitragen.

Es sei niemandem unterstellt, derartige Mischlinge absichtlich zu züchten. Doch während es bei den meisten Arten noch gut möglich ist, geschlechtsreife Männchen verschiedener Arten auseinander zu halten, ist dies bei den entsprechenden Weibchen sehr viel schwieriger, ja manchmal sogar unmöglich. Wer also wahllos zu seinem verwitweten Männchen ein anderes Weibchen setzt, muß mit hoher Wahrscheinlichkeit damit rechnen, daß die Nachzuchten mischerbig sind. Den weiblichen Nachzuchten wird man die Mischerbigkeit nicht ansehen. Die Männchen hingegen zeigen später im ausgefärbten Zustand ein gemischtes (intermediäres) Farbkleid, da auch die genetischen Anlagen des weiblichen Tieres auf die Nachkommenschaft vererbt werden. Die Ausprägung der jeweiligen Farbmuster ist auf die männlichen Nachkommen beschränkt, da die Weibchen verschiedener Arten größtenteils nur geringfügige Unterschiede im Farbkleid aufweisen.

Als Folge zahlreicher Bastardisierungen sind verschiedentlich Kaiserbuntbarsche im Handel, die keiner Art oder Population mehr zuzuordnen sind. Hinzu kommt, daß unter den zwangsläufig unnatürlichen Bedingungen aufgezogene Fische deutliche Unterschiede in der Gestalt und auch Färbung zu den Wildfängen aufweisen können. Nachzuchten sind oft größer und gedrungener aufgrund der häufig sehr reichhaltigen Ernährung im Aquarium. Bei zu einseitigem Nahrungsangebot ist das Farbkleid vielfach nur ein müder Abklatsch von dem der Wildfänge. Daß dies nicht so sein muß, zeigen dagegen zahlreiche Nachzuchten verantwortungsbewußter Züchter. Jeder Liebhaber dieser schönen Cichliden sei in diesem Zusammenhang dazu aufgerufen, die ursprünglichen Arten und Standortvarianten rein zu erhalten. Noch sind wir in der glücklichen Lage, von den meisten Arten Wildfänge und damit reinerbige Tiere zu beziehen. Doch daß dieser Zustand nicht von Dauer sein muß, zeigt die ehemalige *Trematocranus*-Art *A. jacobfreibergi*. Dieser Kaiserbuntbarsch und auch seine Standortvarianten können in absehbarer Zeit nicht mehr exportiert werden, da die einzigen bislang bekannten Fundstellen in die Grenzen des Unterwasser-Nationalparks um Cape Maclear fallen. Unter diesen Umständen sollte jeder darauf achten, daß es in seinen Aquarien nicht zu Kreuzungen kommt, um auch in Zukunft auf reinerbige Bestände zurückgreifen zu können.

Die Kaiser im Aquarium

Grundsätzlich zählen die meisten *Aulonocara*-Arten zu den verhältnismäßig leicht zu pflegenden und auch zu züchtenden Cichliden. Allerdings müssen einige Regeln beachtet werden, wenn man an diesen schönen Buntbarschen langfristig Freude haben will. Hat man sich für eine oder mehrere Arten entschieden, so stellt das erste Problem der Erwerb der betreffenden Tiere dar. Die meisten Kaiserbuntbarsche werden nicht in jedem »Zooladen an der Ecke« angeboten. Die größte Wahrscheinlichkeit, die gewünschten Arten zu finden, besteht bei spezialisierten Fachgeschäften. Leider werden im Vergleich zu anderen Cichliden nur selten Nachzuchten von Kaiserbuntbarschen angeboten, und nur ein geringer Anteil der bekannten *Aulonocara*-Arten wird regelmäßig nachgezüchtet. Nachzuchten sind in der handelsüblichen Größe von 4–5 cm natürlich wesentlich preiswerter zu erwerben als ausgewachsene Wildfänge. Ein Nachteil ist sicher, daß man durchschnittlich rund ein Jahr warten muß, bis aus den unscheinbar graubraunen Jungtieren farbenprächtige »Kaiser« geworden sind. Als wesentlicher Vorteil gegenüber Wildfängen muß jedoch erwähnt werden, daß Nachzuchttiere an Aquarienbedingungen bereits angepaßt sind. Eine Akklimatisierung entfällt weitgehend, und auch die Gefahr einer Erkrankung ist deutlich geringer als bei Wildfängen. Da jedoch vielfach nur Wildfänge von einer gesuchten Art angeboten werden und auch viele Liebhaber überwiegend Wildfänge erwerben, gebe ich an dieser Stelle ein paar Tips, wie man mit ihnen umgeht.

Es liegt auf der Hand, daß alle Wildfänge einen äußerst strapaziösen Weg hinter sich haben, wobei man Wildfänge nicht mit solchen Importen verwechseln sollte, die im Ausland nachgezüchtet und zu geschlechtsreifen Tieren aufgezogen wurden. Dieser Weg führte vom Fang und Transport zur Fangstation über die darauf folgende Hälterung unter häufig unzureichenden Bedingungen bis zum Versand an den Bestimmungsort. Als Folge dieser streßreichen Reise ist der größte Teil der Tiere häufig an Parasiten erkrankt. Dies ist keinesfalls verwunderlich, da unter natürlichen Bedingungen viele, wenn nicht sogar die meisten Fische unter geringfügigem Parasitenbesatz zu leiden haben. Während meiner Untersuchungen am Malawisee mußte ich immer wieder feststellen, daß im Prinzip jeder Cichlide Parasiten auf der Haut, den Kiemen, im Blut oder an den Flossen aufwies. Unter natürlichen Bedingungen stellt sich ein Gleichgewicht zwischen Wirt und Parasit ein, so daß letztlich beide überleben. Schließlich ist dem Parasiten nicht damit geholfen, wenn er seinen Wirt umbringt, von dem er profitiert und lebt. In Gefangenschaft und mehr noch unter den streßreichen Bedingungen während des Fanges und Transports erfolgt eine drastische Reduzierung der Abwehrkräfte des Fisches. Erst dadurch gewinnt der Parasit die Oberhand, und ohne geeignete Gegenmaßnahmen von seiten des Pflegers erliegt der Fisch seinen Parasiten. Zwar geben manche Cichlidenimporteure Medikamente ins Hälterungsbecken, doch viele Parasiten sind »hart im Nehmen«. Man muß also gerade in der ersten Zeit mit der Möglichkeit einer Erkrankung rechnen. Ein Quarantäneaquarium ist deshalb in jedem Fall anzuraten, will man nicht leichtsinnig den gesamten Bestand gefährden. Aber bitte kein 20 l-Becken als Quarantäne-Station! An der Frage, ob man Wildfänge grundsätzlich behandeln sollte oder nicht, scheiden sich die Meinungen der Aquarianer. Ich verwende nur dann Medikamente, wenn die Tiere Krankheitssymptome zeigen. Nach meinen Erfahrungen sind viele Wildfänge in der Lage, unter geeigneten Bedingungen ihr Abwehrsystem so weit zu mobilisieren, daß auch ohne Medikamentengabe wieder ein normales Verhältnis eintritt.

Einrichtung und Aquariengröße

Im Vergleich zu anderen Cichlidenarten aus dem Malawisee kann man alle Kaiserbuntbarsche zu den friedlicheren Arten zählen. Wohlgemerkt: im Vergleich mit anderen Malawisee-Cichliden! Ein balzaktives *Aulonocara*-Männchen ist sehr wohl in der Lage, einem Weibchen arg zuzusetzen, sofern dieses sich nicht in Verstecke zurückziehen kann. Aus diesem Grunde ist als eine der wichtigsten Voraussetzungen für eine erfolgreiche und vor allem dauerhafte Pflege die Beckengröße zu nennen. Natürlich kann man ein Trio, d.h. ein Männchen mit zwei Weibchen, der meisten *Aulonocara*-Arten in einem Aquarium mit einer Kantenlänge von 80 cm halten. Ideal ist das jedoch nicht. Besser geeignet sind Behälter von 1 m Länge und mehr, wobei eine große Grundfläche wesentlich wichtiger ist als eine große Höhe. Ein entsprechend großes Aquarium ist also in erster Linie wegen der innerartlichen Aggressivität und der Aggressivität gegen verwandte Arten vorteilhaft. Was die innerartliche Aggressivität betrifft, so läßt sich leicht feststellen, daß auch weibliche Tiere, trotz der im Freiland häufig zu beobachtenden Gruppenbildung, sich untereinander aggressiv verhalten und auch revierbildend sein können. In zu kleinen Aquarien ist es sehr schwierig, diese innerartliche Aggressivität durch eine geeignete Einrichtung einzudämmen.

Neben der Größe hat auch die Einrichtung des Aquariums einen entscheidenden Einfluß auf das Zusammenleben von Kaiserbuntbarschen. Wie bereits angedeutet, geht es in erster Linie darum, unterlegenen Tieren Rückzugsmöglichkeiten zu bieten. In welcher Form dies geschieht, hängt letztlich vom Geschmack des Pflegers ab. Am natürlichsten wirken immer noch Steinaufbauten, die man zu kleinen Einheiten an der Rückwand, aber auch im Vordergrund des Aquariums gruppieren kann. Wichtig hierbei ist, daß wir nicht nur Höhlen in einer Größe bauen. Männchen bevorzugen größere, am Boden befindliche Höhlen, die sie gern zum Zentrum des Reviers wählen und in die sie die Weibchen zum Ablaichen locken. Die in der Regel kleineren Weibchen benötigen, um sich vor den aggressiven Männchen zurückziehen zu können, eher kleinere Spalten und Verstecke.

Ein weiterer Aspekt bei der Gestaltung des Aquariums ist der Aufbau von Sichtblenden. Flache Steinplatten, die senkrecht aufgestellt das Aquarium untergliedern, bewirken, daß sich die Revierinhaber nicht ständig sehen können. Auch unterlegene Tiere, Weibchen wie revierlose Männchen, können sich so mangels Sichtkontakt freier im Aquarium bewegen.

Neben der Möglichkeit, vor allem Steine als Dekorationsmittel einzusetzen, kann man natürlich auch Moorkienhölzer verwenden. Ebenso lassen sich Pflanzen ohne weiteres einsetzen, auch wenn sie kaum in den natürlichen Biotopen von Kaiserbuntbarschen anzutreffen sind. Den Fischen ist es letztlich egal, in welche Art von Verstecken sie sich zurückziehen können; Kaiserbuntbarsche lassen selbst zartes Grün unangetastet. Auch zur Untergliederung des Aquariums bieten sich hochwachsende Pflanzen, wie Riesenvallisnerien oder verschiedene *Cryptocoryne*-Arten, an.

Berücksichtigen sollte man auch, daß man früher oder später Fische aus dem Aquarium herausfangen muß. Wer an der gesamten Rückwand seines Beckens einen imposanten durchgehenden Steinaufbau bis zur Wasseroberfläche errichtet, schafft auf diese Weise neben dem eindrucksvollen optischen Effekt zwar ideale Rückzugsmöglichkeiten für unterlegene Tiere. Doch kann man es auch allen anderen Tieren dann nicht verübeln, wenn sie diese Aufbauten als Rückzugsmöglichkeit vor dem Kescher des Pflegers betrachten. In einem solchen Fall gibt es nur eins: abbauen. Besser ist es deshalb, die Steinaufbauten in voneinander isolierten Gruppen zu gestalten, so z.B. jeweils in der rechten und linken Ecke des Aquariums, womit der Zeitaufwand beim Fangen bereits halbiert wäre (sofern Sie es verhindern, daß der Fisch in die linke Ecke schwimmt, wenn Sie den letzten Stein aus der rechten Ecke des Aquariums nehmen ...).

Vielfach wird argumentiert, daß ein Aquarium ein möglichst getreues Abbild des natürlichen Lebensraumes sein soll. Was solche Faktoren wie Wasserchemismus, Sauerstoffgehalt, Lichtverhältnisse, Untergrund u.ä. angeht, ist das sicher eine sehr sinnvolle Forderung. Die Dekoration hingegen dürfte in unserem Fall kaum den ästhetischen Anforderungen gerecht werden, die in der Regel an ein Aquarium gestellt werden. Natürlich kann auch ein nur mit Steinen dekoriertes Aquarium geschmackvoll eingerichtet sein. Schaut man sich die Lebensräume, in denen Kaiserbuntbarsche im Malawisee leben, einmal genau an, so stellt man fest, daß ein entsprechend gestaltetes, 1,5 m großes Aquarium nur mit einer Sandschicht und drei großen Steinbrocken eingerichtet werden müßte. Wir müssen die veränderten Dimensionen berücksichtigen und unseren Anspruch an Natürlichkeit dahingehend einschränken, daß wir unser Aquarium nur als einen entsprechend verkleinerten, sozusagen gerafften Ausschnitt betrachten. Was in der Natur über einen Bereich von vielleicht 10 m zu sehen ist, wird entsprechend verkleinert auf 1,5 m Länge nachgestaltet.

Der Bodengrund sollte aus grobem Sand oder feinem Kies bestehen. Viele *Aulonocara* suchen nach der Fütterung nach Resten in den oberen Kiesschichten. Grober Kies ist ungeeignet. Wer auf das Einbringen von Pflanzen verzichtet, kommt mit einer Schichtdecke von 5–6 cm aus. Bedeutung hat auch die Farbe des Untergrundes. Zu heller Sand, wie etwa grober Quarzsand, führt allgemein zu helleren und damit blasseren Farben der Fische.

19 20
21 22
23 24

19) Aulonocara hansbaenschi, ♂ in 9 m Tiefe im natürlichen Lebensraum. 20) Aulonocara hansbaenschi, ♂. 21) Aulonocara hueseri, ♂. 22) Aulonocara hueseri, ♀. 23) Aulonocara jacobfreibergi, ♂ kurz nach dem Fang. 24) Aulonocara jacobfreibergi, ♂ im Aquarium.

Besser sollte beigefarbener oder brauner Untergrund verwendet werden. Von wenigen Ausnahmen abgesehen graben *Aulonocara*-Arten nicht im Untergrund, um Höhlen unter Steinaufbauten zu vergrößern oder um Laichnester anzulegen, wie das von vielen anderen Cichlidenarten bekannt ist.

Die Wasserwerte des Malawisees liegen in den folgenden Bereichen: pH 7,7–8,6; Gesamthärte: 4–6° dGH, Karbonathärte: 6–8°; Leitfähigkeit (bei 20° C); 210–335 µS; Oberflächentemperatur: 24–29° C (aus STAECK & LINKE, 1982). Von den aufgeführten Werten kommt es bei der Pflege von Kaiserbuntbarschen vor allem auf den pH-Wert an; Abweichungen von den anderen genannten Werten spielen im Rahmen der meisten Leitungswasser dagegen eine nur untergeordnete Rolle, zumal *Aulonocara*-Arten in dieser Hinsicht anpassungsfähig sind. So werden zum Beispiel auch wesentlich höhere Werte der Gesamthärte (bis zu 30° dGH und mehr) toleriert. Entscheidend für den pH-Wert ist, daß er oberhalb des Neutralpunktes (pH 7,0) liegt. Keinesfalls sollte er unter 7,0 liegen, sondern besser im Bereich von 7,5 bis 8,2. Nicht aufgeführt wurde hier der Nitrit-Gehalt, der ein Maß für die Belastung des Aquarienwassers mit Stickstoff-Abbauprodukten darstellt. Dieser Wert sollte zwischen 0 und 0,05 mg/l liegen. Offensichtlich sind *Aulonocara*-Arten gegen höhere Nitrit-Konzentrationen empfindlich. Dies äußert sich in erster Linie durch eine gesteigerte Anfälligkeit gegenüber Hautparasiten. Ein Nitrit-Gehalt von mehr als 0,05 mg/l ist in erster Linie ein Indiz für mangelhafte Abbauleistungen des Aquarienfilters bzw. eine zu reichliche Fütterung. Da *Aulonocara*-Arten einen gesegneten Appetit entwickeln, ist ein leistungsfähiges Filtersystem anzuraten. Empfehlenswert sind großvolumige, mit Kreiselpumpe betriebene Außenfilteranlagen (Naß- oder Trockenbettfilter).

Neben einer ausreichenden Filterleistung erhöht ein regelmäßiger Teilwasserwechsel ganz erheblich das Wohlbefinden. Als günstig hat sich der Austausch von rund einem Viertel des Beckeninhaltes pro ein bis zwei

25 26 / 27 28 / 29 30 / 31 32

25) Aulonocara jacobfreibergi, ♀. 26) Aulonocara jacobfreibergi, halbwüchsiges ♂. 27) Aulonocara jacobfreibergi, ♂, diese Form wurde als A. »Reginae« eingeführt. 28) Aulonocara jacobfreibergi, ♂, im Handel wird diese Variante als A. »Carolae« angesprochen. 29) Aulonocara »Kande Braun«, ♂ bei Kande Island fotografiert. 30) Aulonocara »Kande Braun«, ♀. 31) Aulonocara korneliae, ♂ und ♀. 32) Aulonocara korneliae, ♂ im natürlichen Lebensraum bei Chisumulu.

Wochen erwiesen, je nach Besatz des Aquariums. Ferner sollte berücksichtigt werden, daß frisch der Leitung entnommenes Wasser nur bedingt geeignet ist. Das Wasser in den Leitungsrohren steht unter Druck und enthält dadurch verstärkt gelöste Luftgase, die unter atmosphärischen Bedingungen als kleine Perlen freigesetzt werden und sich auf der Haut und den Kiemen der Fische festsetzen. Günstiger ist es, das neue Wasser einen Tag in einem separaten Behälter zu belüften, um überschüssiges Gas auszutreiben, bevor der Wasserwechsel durchgeführt wird.

Vergesellschaftung

Es liegt auf der Hand, daß die Pflege von *Aulonocara*-Arten im herkömmlichen Gesellschaftsaquarium nicht zu empfehlen ist. Zwar muß man Kaiserbuntbarsche nicht im Artbecken halten, und es ist auch ohne weiteres möglich, Welse oder andere bodenlebende Fische hinzuzusetzen, doch dürfte eine Vergesellschaftung mit anderen Cichlidenarten aus dem Malawisee die sinnvollste Art der Pflege darstellen. Hierbei kann man unterscheiden zwischen einer Vergesellschaftung mit Malawisee-Cichliden anderer Gattungen oder aber der Vergesellschaftung verschiedener *Aulonocara*-Arten untereinander. Beide Arten der Vergesellschaftung werfen spezifische, unterschiedliche Probleme auf, so daß eine getrennte Betrachtung sinnvoll ist.

Vergesellschaftung mit Malawisee-Cichliden anderer Gattungen:

Wie bereits erwähnt, zählen alle bislang aquaristisch bekannten *Aulonocara*-Arten zu den verhältnismäßig friedlichen Cichliden. Dies gilt besonders, wenn man *Aulonocara*-Arten mit anderen Cichlidenarten des Malawisees vergleicht. Es ist offensichtlich, daß eine Vergesellschaftung nur mit solchen Arten auf die Dauer erfolgreich sein kann, die ebenfalls zu den friedfertigeren Arten zählen. Eine Pflege von aggressiven Mbunas mit Kaiserbuntbarschen ist deshalb keinesfalls zu empfehlen. Damit kein Mißverständnis aufkommt: Natürlich ist es möglich, in einem Aquarium mit einer Kantenlänge von 2 m oder mehr sowohl Kaiserbuntbarsche als auch verschiedene *Pseudotropheus*- oder auch *Melanochromis*-Arten dauerhaft zu pflegen, sofern das Aquarium nicht zu dicht besetzt ist. Gelegentlich habe ich aus Platzgründen einige *Aulonocara*-Arten zeitweilig auf diese Weise gepflegt und konnte feststellen, daß sogar unter diesen Umständen *Aulonocara*-Arten verschiedentlich abgelaicht haben. Trotzdem sind derartige Verhältnisse nicht optimal. Eine Revierbildung kann in der Regel in der Gegenwart zahlreicher aggressiver Mbunas nicht erfolgen. Zum Ablaichen kommt es nur dann, wenn sich das Pärchen an einen ruhigen Ort zurückziehen kann und die Störungen durch stärkere Fische nicht allzu groß sind. Vielfach wird ein Ablaichen schon deswegen verhindert, weil die Weibchen unter derartig streßreichen Bedingungen keinen Laich ansetzen. In Züchterkreisen ist bekannt, daß viele Cichlidenarten nicht ablaichen, wenn sie durch die Gegenwart robusterer Arten keine Entfaltungsmöglichkeiten haben. Werden solche Tiere in ein separates oder auch nur in ein mit schwächeren Arten besetztes Aquarium umgesetzt, stellt sich der gewünschte Zuchterfolg oft innerhalb kürzester Zeit ein.

Von den Mbunas haben sich vielfach die kleinwüchsigen *Labidochromis*-Arten als geeignete Gesellschaft erwiesen. Bei der Gattung *Pseudotropheus* habe ich mit den relativ friedfertigen Arten *P. livingstonii* und *P.* »Acei« positive Erfahrungen gemacht. Die meisten anderen Mbunas sind für eine gemeinsame Pflege mit *Aulonocara*-Arten allgemein nicht zu empfehlen. Im Gegensatz zu den Mbunas sind viele *»Haplochromis«*-Arten des Malawisees, besonders die Vertreter der Utaka-Gruppe, wesentlich weniger aggressiv und deshalb weit besser für eine Vergesellschaftung mit Kaiserbuntbarschen geeignet. Als Beispiele seien hier *»H.« ahli, »H.« boadzulu, »H« compressiceps, »H« electra, »H.«* »Mloto« sowie die beiden *Cyrtocara*-Arten *C. moorii* und *C. annectens* angeführt. Weiterhin sind sicher verschiedene *Lethrinops*-Arten für eine Vergesellschaftung geeignet. Leider wurden die Vertreter dieser Gattung jedoch bislang nur selten importiert.

Vergesellschaftung von verschiedenen Kaiserbuntbarsch-Arten:

Grundsätzlich lassen sich *Aulonocara*-Arten am besten untereinander vergesellschaften. Ein mit verschiedenen Arten besetztes Aquarium bietet wahrlich einen faszinierenden Anblick. Das Problem hinsichtlich einer gemeinsamen Pflege von *Aulonocara*-Arten besteht in der leichten Kreuzbarkeit der verschiedenen Arten bzw. geographischen Rassen. Natürlich existiert dieses Problem auch bei der Pflege von verschiedenen Mbuna-Arten in einem Aquarium, doch ist es bei ihnen insgesamt von weitaus geringerer Bedeutung. Es sei in diesem Zusammenhang darauf hingewiesen, daß nach dem biologischen Artkonzept von Mayr (1969, 1974) nur Tiere ein und derselben Art miteinander ablaichen und sich dadurch als eine Art erkenntlich zeigen (sog. sexuelle Isolierung von Individuen einer Art gegenüber Individuen anderer Arten). Dies gilt jedoch ausschließlich unter natürlichen Bedingungen (vgl. dazu auch S. 49 ff.). Anders formuliert: Auch wenn es unter Aquarienbedingungen zum Ablaichen von Exemplaren zweier verschiedener Arten kommt, kann man daraus nicht folgern, daß beide Individuen nun als eine Art betrachtet werden müßten. In erster Linie kommt es immer dann zu Bastardisierungen, wenn ein Männchen einer betreffenden Art durch andere, artfremde Männchen in seinen Balzaktivitäten behindert wird. Das laichreife Weibchen wird in solchen Fällen dann nicht mit dem arteigenen Männchen ablaichen, sondern mit dem artfremden, aber dafür entsprechend balzaktiven Männchen. Man spricht in diesem Fall von einem »sexuellen Notstand« des Weibchens, der zu einem derartig unnatürlichen Verhalten führt.

Es soll hier nicht der Eindruck erweckt werden, daß es bei einer gemeinsamen Pflege von verschiedenen *Aulonocara*-Arten im Aquarium zwangsläufig zu Bastardisierungen kommen muß. Nach eigenen Erfahrungen werden laichreife Weibchen sehr spezifisch nur von artgleichen Männchen angebalzt, wenn die Balz nicht durch stärkere Fische unterdrückt wird. Im selben Aquarium lebende, artfremde Männchen zeigten vielfach überhaupt kein Interesse an dem laichwilligen, aber artfremden Weibchen. Allerdings balzten bei mir verwitwete Kaiserbuntbarschmännchen wiederholt artfremde Weibchen an und versuchten auch abzulaichen, wenn sie nicht durch das »richtige« Männchen vertrieben wurden. Einschränkend ist zu sagen, daß diese Beobachtungen in vergleichsweise großen Aquarien von 2 bis 3 m Kantenlänge gemacht wurden. Je kleiner das Becken, desto eher kommt es zur Unterdrückung einzelner Männchen und folglich auch zu Kreuzungen.

Konsequenterweise kann man bei einer gemeinsamen Pflege von mehreren *Aulonocara*-Arten das Problem einer möglichen Bastardisierung nur indirekt umgehen, indem man keine Jungtiere aufzieht. Oder man fängt nur dann ein tragendes Weibchen heraus und zieht die Jungtiere auf, wenn man über die gesamte Dauer des Ablaichvorgangs beobachtet hat, daß das betreffende Weibchen mit dem richtigen, also artgleichen Männchen abgelaicht hat. Die notwendige Folgerung daraus ist aber auch, daß – falls Jungtiere in einem mit mehreren *Aulonocara*-Arten besetzten Becken zufällig aufwachsen –, diese nicht in den Handel gelangen oder verschenkt werden dürfen. Es ist bei halbwüchsigen Nachkommen und bei Weibchen in der Regel nicht möglich festzustellen, ob es sich um Kreuzungen oder erbreine Tiere handelt!

Ernährung

Im natürlichen Lebensraum ernähren sich *Aulonocara*-Arten überwiegend von Insektenlarven und anderen bodenbewohnenden Wirbellosen (vgl.

auch S. 24). Im Aquarium hingegen haben sich bislang alle Arten als problemlose Allesfresser erwiesen. Neben den handelsüblichen Trockenfutter-Präparaten, die jedoch zur Abwechslung und nicht als alleiniges Futter gereicht werden sollten, bieten sich in erster Linie die verschiedenen Arten von Mückenlarven an. Weiterhin werden ausgewachsene Salinenkrebschen, Mysis, kleine Garnelen und Bachflohkrebse angenommen. Alle genannten Futtermittel sind als Frostfutter erhältlich, so daß man auch im Winter abwechslungsreich füttern kann. Wasserflöhe und Hüpferlinge werden zwar auch genommen, jedoch weitaus weniger gern gefressen. Als Ersatznahrung können ebenfalls geschabtes Fischfleisch (z.B. Seelachsfilet) und Rinderherz geboten werden. Bei diesen Futtersorten ist jedoch darauf zu achten, daß sie nicht ausschließlich und auch nicht in zu großen Mengen gefüttert werden, da sie sehr ballastarm sind. Erkrankungen des Verdauungstraktes aufgrund zu ballastarmer Kost sind in vielen Fällen der Grund für den vorzeitigen Tod nicht nur von zahlreichen Kaiserbuntbarschen, sondern allgemein von Malawisee-Cichliden im Aquarium.

Nach den Magenuntersuchungen an frisch gefangenen Tieren (FRYER, 1959) spielt pflanzliches Futter nur eine untergeordnete Rolle. Aquarienbeobachtungen zeigten ebenfalls, daß Aquarienpflanzen nicht gefressen werden.

Alle oben angeführten Futtermittel kann man auch in den verschiedensten Kombinationen zu einem Brei verrühren und mit Hilfe eines geeigneten Bindemittels, wie Agar-Agar oder Aspik, in beliebige Formen gießen. Nach dem Hartwerden des Bindemittels kann man dann aus der sülzeartigen Masse mundgerechte Portionen abtrennen und verfüttern (JOCHER, 1970, SPREINAT, 1982).

Insgesamt gesehen stellt uns die Ernährung der Kaiserbuntbarsche also vor keine Probleme. Zwei Dinge sollten jedoch beachtet werden. Wichtig ist vor allem, daß nicht nur einmal pro Tag gefüttert wird, sondern besser mehrmals täglich kleinere Portionen. Weiterhin ist zu berücksichtigen, daß bei der Fütterung von kleinen Mengen oftmals nur die stärksten Tiere das gesamte Futter fressen, während für schwächere Exemplare kaum etwas übrig bleibt. Dem begegnet man, indem man entweder an mehreren Stellen gleichzeitig füttert oder indem man das Futter mit einer Handbewegung schnell und gleichmäßig im gesamten Aquarium verteilt.

Zucht

Wie fast alle Malawisee-Cichliden sind auch die Vertreter der Gattung *Aulonocara* agame ovophile Maulbrüter mit Mutterfamilie. Das bedeutet, daß sich Männchen und Weibchen nur für die kurze Zeit des Ablaichens zusammenfinden. Eine Paarbindung über das Ablaichen hinaus besteht nicht, ganz im Gegenteil, meist wird das Weibchen danach vom Männchen heftig vertrieben. Das Weibchen nimmt die abgelegten Eier noch vor der Befruchtung durch das Männchen ins Maul. Abhängig von der Wassertemperatur schlüpfen die Larven nach drei bis vier Tagen, bleiben jedoch bis zum völligen Verbrauch des Dottervorrates insgesamt rund 20 Tage im Kehlsack des Muttertieres. Erst die fertig entwickelten Jungtiere, die zu diesem Zeitpunkt bereits rund 1 cm groß sind, werden aus dem Maul entlassen.

Unter geeigneten Pflegebedingungen läßt das Ablaichen meist nicht lange auf sich warten. Erste Anzeichen sind das gesteigerte Balzinteresse des Männchens, das in der Regel mit einem vergrößerten Leibesumfang des Weibchens einhergeht. Ein bis zwei Tage vor dem Ablaichen tritt die Laichpapille des Weibchens deutlich hervor. Eingeleitet wird der Laichakt durch das »Anschwimmen« des Männchens, das die unpaarigen Flossen zunächst weit abspreizt und vor dem Weibchen imponiert. Unter Rüttelbewegungen krümmt das Männchen den Körper und präsentiert dem Weibchen die mit je nach Art mehr oder weniger stark ausgeprägten Eiflecken versehene, gespreizte Afterflosse. Danach folgt in der Regel das Führungsschwimmen, wobei das Männchen mit heftig »wedelnder« Rücken- und Afterflosse vor dem Weibchen her zum Laichplatz schwimmt. Häufig wird in höhlenartigen Unterständen abgelaicht, obwohl manchmal auch ein mehr oder weniger geschützter Platz hinter einer Pflanze ausreicht. Gruben zum Ablaichen werden im Aquarium nur sehr selten angelegt. Hat das Männchen den vorgesehenen Laichplatz erreicht, legt es sich quer zum Weibchen und präsentiert erneut unter heftigen Rüttelbewegungen die Afterflosse. Geht das Weibchen auf das Werben des Männchens ein, schwimmt es in T-Stellung auf die Afterflosse des Männchens zu, das daraufhin seinen Platz wechselt und sich jetzt auf die Afterflosse des Weibchens zubewegt. In dieser Stellung erfolgt die Laichabgabe durch das Weibchen, das sich nun dreht und die Eier, die meist in Schüben von zwei bis fünf Stück ausgestoßen werden, ins Maul aufnimmt. Danach orientiert sich das Weibchen wieder zur Afterflosse des Männchens, so daß letztlich kreisende Bewegungen der beiden Laichpartner zustande kommen. Die Befruchtung erfolgt in der nächsten Runde, wenn sich das Weibchen wieder zur Afterflosse des Männchens orientiert. In dieser Lage stößt das Männchen Spermien aus, die vom Weibchen durch

Schnappbewegungen nach der Afterflosse des Männchens aufgenommen werden. Bei Arten, die ausgeprägte Eiflecken auf der Afterflosse tragen, sieht es so aus, als ob das Weibchen versucht, diese vermeintlichen Eier auf der Afterflosse des Männchens aufzunehmen (WICKLERsche Eiattrappen-Theorie). Dieses Ablaichverhalten ist von sehr vielen agamen Maulbrütern bekannt. Auch viele Maulbrüterarten, bei denen die Männchen keine Eiflecke besitzen, laichen in derselben Weise ab.

Sobald der Laichvorrat des Weibchens erschöpft ist, verliert es das Interesse am Werben des Männchens und wird nicht selten vom Männchen vertrieben. Verglichen mit anderen Malawisee-Cichliden werden tragende *Aulonocara*-Weibchen jedoch nur wenig von den Männchen beachtet. Das Weibchen zieht sich zurück und nimmt auch keine Nahrung mehr zu sich. Selten werden kleine Futterpartikel, wie Salinenkrebschen oder Wasserflöhe, über den Laich hinweg vorsichtig aufgenommen.

Die Aufzucht der Jungtiere sollte in einem separaten Zuchtbecken erfolgen. Der Fang des tragenden Muttertieres hat vorsichtig und ruhig zu erfolgen, da es sonst vorkommen kann, daß der Laich ins Aquarium oder ins Netz gespuckt wird. Wer sichergehen will, kann das Muttertier erst ab dem 18. Tag nach der Eiablage herausfangen; werden die Jungtiere dann im Netz ausgespuckt, sind sie bereits so weit entwickelt, daß sie auch ohne mütterliche Unterstützung überleben. Behält das Weibchen die Brut im Maul, werden die fertig entwickelten Jungtiere nach insgesamt rund drei Wochen Tragzeit entlassen und können mit feingesiebten Wasserflöhen oder frisch geschlüpften *Artemia-salina*-Nauplien sofort gefüttert werden. Läßt man das Weibchen weiterhin bei den Jungen, werden sie in der Regel noch einige Tage lang nachts und bei vermeintlicher Gefahr ins Maul aufgenommen. In verschiedenen Fällen wurde jedoch auch beobachtet, daß der Brutpflegetrieb des Weibchens direkt nach dem Entlassen der Jungtiere erlischt und die Nachkommen nicht mehr ins Maul aufgenommen wurden.

Es empfiehlt sich, das von der langen Fastenzeit geschwächte Weibchen zunächst einige Tage separat zu füttern, bevor man es zum Männchen zurücksetzt.

Hinweise zum Erwerb von Aulonocara-Weibchen

Im vorhergehenden Kapitel wurde vielfach darauf hingewiesen, daß es bei den meisten *Aulonocara*-Arten sehr schwierig ist, die Weibchen der verschiedenen Arten zu unterscheiden. So kann man natürlich fragen, wie man am besten bei der Zusammenstellung zu verfahren hat, um mögliche Bastardierungen von Arten zu vermeiden. Dazu ist es wichtig zu wissen, daß es trotz der großen Ähnlichkeit der Weibchen in bezug auf Körperform und -farbe durchaus – wenn auch geringe – Unterschiede gibt. Sie zu erkennen, setzt allerdings gewisse Kenntnisse der handelsüblichen Arten voraus. Die Unterscheidungsmerkmale beziehen sich in erster Linie auf die Körper- und Kopfform, aber auch auf unterschiedliche Zeichnungsmuster der unpaarigen Flossen. Leider lassen sich diese geringen Unterschiede kaum so beschreiben, daß allein mit ihrer Hilfe eine zweifelsfreie Identifizierung möglich wäre. Viel sinnvoller ist daher der direkte Vergleich von lebenden Tieren. Am einfachsten ist es, wenn man von verschiedenen Arten sowohl von den Männchen als auch von den Weibchen eine größere Anzahl zur Verfügung hat. Diese Möglichkeit ist leider nicht immer gegeben. Bei spezialisierten Fachgeschäften oder Direkt-Importeuren ist es noch am ehesten möglich, unter einer größeren Auswahl von Exemplaren auch die Weibchen verschiedener Arten miteinander zu vergleichen. Oft befinden sich in den Verkaufsbecken auch halbwüchsige oder unterdrückte Männchen, die ihre Prachtfärbung zeitweilig verloren haben und dann fast wie Weibchen aussehen. In dem Fall kann man dann sehr gut die verschiedenen Übergänge der Farbmuster vom dominanten Männchen bis zum »echten« Weibchen nachvollziehen und gut überprüfen, ob es sich um ein und dieselbe Art handelt oder ob bereits Fehler beim Einsetzen der Tiere in die Verkaufsbecken gemacht worden sind. Einschränkend muß erwähnt werden, daß es in Einzelfällen unmöglich ist, die Weibchen verschiedener Rassen oder Unterarten auseinanderzuhalten, so z.B. bei *A. maylandi maylandi* und *A. maylandi kandeensis.* Aber auch die Weibchen der verschiedenen Standortvarianten von *A. jacobfreibergi* lassen sich kaum unterscheiden. In solchen Fällen muß man sich einfach darauf verlassen, daß die Weibchen am gleichen Fundort gefangen wurden wie die Männchen. Das ist jedoch nach eigenen Erfahrungen in der Regel der Fall.

33 **33) Aulonocara maylandi maylandi, ♂. 34) Aulonocara maylandi maylandi, ♂.**
34

Die Arten der Gattung Aulonocara

Auf den folgenden Seiten wird ein Überblick über die Gruppe der Kaiserbuntbarsche gegeben. Berücksichtigt man die Größenverhältnisse des Malawisees, in dem die Gattung *Aulonocara* endemisch ist, dann wird verständlich, daß dieser Überblick nicht endgültig sein kann. Bei einer Nord-Süd-Ausdehnung von rund 580 km ergibt sich eine Küstenlänge von insgesamt weit über 1000 km. Näher untersucht wurden bislang nur die zum Staat Malawi gehörenden Küstenabschnitte und Inseln. Große Bereiche der Ostküste des Malawisees fallen jedoch in die Hoheitsgebiete von Tansania und Mozambique. Aus diesen Gebieten sind (mit Ausnahmen) keine Kaiserbuntbarsche nach Deutschland gelangt. Wissenschaftliche Untersuchungen, die die Gattung *Aulonocara* betrafen, wurden in diesen Regionen noch nicht durchgeführt.

Der überwiegende Teil der Küstenlinie Malawis ist jedoch verhältnismäßig gut untersucht worden (Grant et al., 1987, Ribbink et al., 1983). Weniger gut erforschte Bereiche befinden sich noch an der Nordwestküste des Sees nördlich von Chilumba. Möglicherweise werden hier in naher Zukunft noch interessante Arten oder Farbformen gefunden.

35
36
37

35) Aulonocara maylandi maylandi, ♀. 36) Aulonocara maylandi kandeensis, UW-Biotop bei Kande Island. 37) Aulonocara maylandi kandeensis, ♂ + ♀ im natürlichen Lebensraum.

Was ist eine Art?

Vor der wissenschaftlichen Erstbeschreibung als eigene Arten wurden viele Kaiserbuntbarsche vielfach nur als verschiedene Farbschläge einer oder weniger Arten betrachtet (s. S. 10). Dies hat häufig dazu geführt, daß unterschiedliche Arten wahllos gekreuzt wurden, da man glaubte, daß es sich ja »nur« um verschiedene Farbformen einer Art handeln würde. Nun ist natürlich klar, daß nicht eine formale Beschreibung durch einen Fischkundler festlegt, ob es sich bei einer bestimmten Population von Kaiserbuntbarschen um eine eigenständige Art handelt oder nicht. Anders formuliert: Auch falls keine Artbeschreibung eines bestimmten *Aulonocara* erfolgt ist, kann man keinesfalls davon ausgehen, daß es sich bei dem betreffenden Fisch nicht um eine eigenständige Art handelt. So stellt sich die Frage, was man unter dem Begriff »Art« im biologischen und hier im ichthyologischen Sinne zu verstehen hat.

Auf den ersten Blick scheint die Antwort relativ einfach zu sein. Bis in die sechziger Jahre galt deshalb auch vielfach die Meinung, daß es möglich sei, unterschiedliche Fischarten nur aufgrund ihrer Morphologie eindeutig gegeneinander abzugrenzen. Durch charakteristische Merkmale in der Bezahnung, den Körperproportionen, Flossen und Schuppen läßt sich eine Art identifizieren. Mit anderen Worten: Alle Fische, die die gleichen morphologischen Merkmale aufweisen, gehören zu ein und derselben Art. Für die meisten Tierarten reicht diese Artdefinition sicher auch heute noch aus. Doch gerade bei den ostafrikanischen Cichliden ist eine derartige, nur auf morphologischen Kriterien fußende Artdefinition in vielen Fällen ungenügend. Auch die zahlreichen Arten der Fels-*Aulonocara* lassen sich oft nur anhand der Lebendfärbung der männlichen Tiere voneinander abgrenzen.

Von dem Zoologen MAYR stammt ein sogenanntes biologisches Artkonzept, das dem vorliegenden Problem der Artdefinition wesentlich besser gerecht wird, in der Praxis jedoch oft Probleme aufwirft (MAYR, 1969 und 1975). Trotzdem ist dieses Artkonzept heute weithin akzeptiert. Es besagt, daß eine Art eine Gruppe von Individuen darstellt, die sexuell von anderen Individuen isoliert sind. Es finden also nur Paarungen zwischen Individuen statt, die zu ein und derselben Art gehören. Und, das muß hinzugefügt werden, dies gilt nur unter natürlichen Bedingungen.

Ein Beispiel zur Erläuterung. Im Uferbereich der Insel Chisumulu im Malawisee leben zwei *Aulonocara*-Populationen. Die eine ist als *A. korneliae* beschrieben worden, die zweite ist unter der vorläufigen Bezeichnung *A.* »Black Top Chisumulu« bekannt und wissenschaftlich noch unbeschrieben. Beide Populationen teilen sich den gleichen Lebensraum; es handelt sich also um sympatrische Populationen. Paarungen finden jedoch nur zwischen den Exemplaren jeweils einer Population statt, d.h., jede Population bewahrt ihre Eigenständigkeit. Folglich kann man davon ausgehen, daß es sich hier um zwei verschiedene »gute« Arten handelt.

Schwieriger wird es, wenn man nicht sympatrische, sondern allopatrische, also an verschiedenen Stellen des Sees vorkommende Populationen miteinander vergleichen will. Auch hierzu ein Beispiel. Von der Art *A. stuartgranti* sind zwei Populationen beschrieben worden (MEYER et al., 1987). Eine Population ist von den Mbenji-Inseln und eine weitere in der Nähe der Ortschaft Chilumba nachgewiesen worden. Farbliche Unterschiede sowohl zwischen den Männchen als auch zwischen den Weibchen sind vorhanden. Trotz dieser Unterschiede werden beide Populationen von MEYER et al. als Standortvarianten einer Art, nämlich als *A. stuartgranti*, betrachtet. Da die Mbenji-Inseln mehrere hundert Kilometer von Chilumba entfernt sind, wird es unter natürlichen Bedingungen niemals zu einer Vermischung der Populationen kommen. Die sexuelle Isolierung beider Populationen ist also bereits durch eine geographische Trennung vorgegeben.

Aufgrund der bereits erwähnten farblichen Unterschiede zwischen den beiden Populationen liegt es nahe anzunehmen, daß es sich um zwei eng verwandte Populationen handelt, die sich jedoch bereits getrennt entwickelt haben. Demnach wäre es sinnvoller, die zwei Populationen als Unterarten zu betrachten.

Somit stellt sich die Frage, wie wir überprüfen können, ob die beiden Populationen tatsächlich nur eine Art darstellen. Entsprechend dem MAYRschen Artkonzept müßte man eine ausreichende Menge von Exemplaren der Chilumba-Population bei Mbenji aussetzen (oder umgekehrt) und beobachten, ob sich die Neulinge mit den Tieren der Mbenji-Population paaren oder nicht. Sollten keine Paarungen eintreten, müßte man beide Populationen als verschiedene Arten betrachten. Leider kann man ein derartiges Experiment nicht in einem normal dimensionierten Aquarium durchführen. Aufgrund der beengten Verhältnisse kommt es leicht zur Unterdrückung schwächerer Männchen, für die dann nicht die Möglichkeit zur artgerechten Balz um ihr Weibchen besteht. Das dazugehörige Weibchen laicht meistens mit dem artfremden, aber balzaktiven Männchen ab (»sexueller Notstand«). Schlüsse lassen sich daraus nicht ziehen.

Folglich ist es im Einzelfall nicht einfach zu entscheiden, ob zwei Formen als eigenständige Arten oder als Rassen bzw. Standortvarianten einer Art betrachtet werden sollten.

Im Zweifelsfall bleibt uns nichts anderes übrig, als jede Population als eigenständige Form zu betrachten und keine Kreuzungsversuche mit Tieren anderer Populationen durchzuführen.

Aulonocara auditor
(Trewavas, 1935)

Aulonocara auditor wurde bereits 1935 durch Trewavas beschrieben, damals jedoch von der Autorin in die Gattung *Trematocranus* eingeordnet. Drei Belegexemplare von 7,7 bis 9,6 cm Standardlänge lagen der Erstbeschreibung zugrunde. Eines davon stammte aus der großen Sammlung von C. Christy und wurde bei Vua im Norden des Sees gefangen. Die beiden anderen Belegexemplare wurden von Rhoades gefangen; der genaue Fundort dieser Tiere ist nicht angegeben. Über die Färbung vermerkt die Autorin: »Elf dunkle vertikale Streifen auf jeder Seite, eine Reihe von Flecken an der Basis der Rückenflosse, eine zweite Reihe auf der oberen Seitenlinie und eine dritte unterhalb und parallel zur zweiten.«

Aquaristisch ist *A. auditor* ohne Bedeutung. Außer den drei Belegexemplaren sind keine weiteren Tiere bekannt geworden. Über die Lebensweise im Malawisee wissen wir ebenfalls nichts. Möglicherweise ist diese Art in die ökologische Gruppe der Sand-*Aulonocara* einzuordnen, deren Vertreter vorzugsweise im tieferen Wasser über Sandgrund leben (vgl. S. 20 ff.).

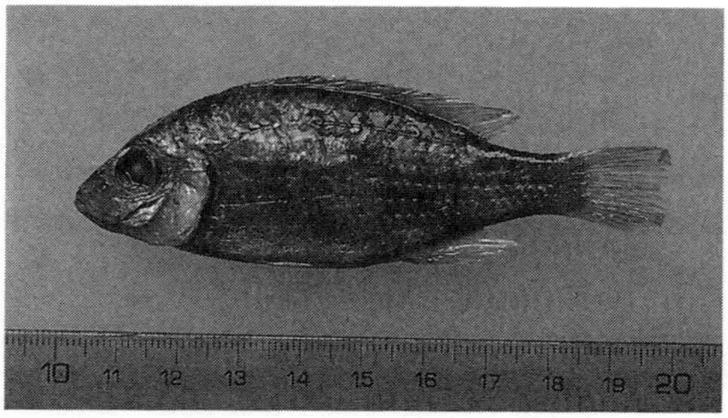

Aulonocara auditor, Syntypus

Aulonocara baenschi
Meyer & Riehl, 1985

Vom Blaukopf-Kaiser, wie Vertreter dieser schönen Art oft genannt werden, sind mehrere Populationen bekannt. Bereits Ende der siebziger Jahre wurden die ersten Exemplare nach Deutschland eingeführt und unter verschiedenen Handelsbezeichnungen angeboten. Bislang sind drei verschiedene Fundorte bekannt: die Maleri-Inselgruppe, ein kleines der Ortschaft Chipoka vorgelagertes Felsriff (Chindunga Rocks) sowie ein weiteres Unterwasserriff in der Nähe der Ortschaft Benga. Für die Population von Benga wird als Fundort oft auch die Ortschaft Nkhomo angegeben, womit jedoch ein und dieselbe Population gemeint ist.

Es handelt sich um eine relativ kleinbleibende *Aulonocara*-Art; die Gesamtlänge vom See importierter Männchen liegt zwischen 7 und 9 cm, während die Weibchen in der Regel noch kleiner sind. Bei guter Ernährung in entsprechend großen Aquarien können die Tiere jedoch auf

10–12 cm Gesamtlänge heranwachsen. Männchen sind durch die vom intensiv gelb gefärbten Körper abgesetzte, blaue Wangen- und Kiemendeckelregion gekennzeichnet. Allerdings kann das Ausmaß der Blaufärbung variieren. Unterlegene Männchen zeigen mitunter nur einen schwachen Blauglanz unterhalb des Auges. Die Weibchen sind bräunlich gefärbt und zeigen unterhalb der Rükkenflosse sieben bis acht dunkle Querstreifen. Diese Körperstreifen sind je nach Stimmung auch bei Männchen sichtbar. Weitere Merkmale zur Körperzeichnung bzw. zur Färbung entnehme man den beigefügten Farbfotos.

Nach GRANT et al. (1987) bewohnt der »Baenschi« den Sand-Fels-Übergangsbereich in Tiefen von 6–20 m; allerdings wurden einzelne Exemplare auch schon in Tiefen von 25 m angetroffen. Vorzugsweise ernährt sich die Art wohl von Insektenlarven und anderen Wirbellosen, die von der Fels- und Sandoberfläche aufgenommen werden. Im Aquarium beobachtet man oft, daß die Tiere nach der Fütterung auch den Bodengrund nach Freßbarem durchsuchen, indem sie kleinere Mengen Sand aufnehmen und »durchkauen«. Entsprechend der Lebensweise im Malawisee sollte der Untergrund im Aquarium keineswegs aus grobem Kies bestehen. Feiner Kies oder grober Sand sind am besten geeignet. Was die Ernährung anbelangt, kann man auch diese Art als problemlosen Allesfresser bezeichnen. Mückenlarven, Wasserflöhe, ausgewachsene Salinenkrebse, aber auch Trockenfutter wurden bei mir von allen Exemplaren sofort und gern gefressen. Zur Pflege eines Pärchens oder eines Männchens mit zwei oder drei Weibchen genügt ein Aquarium mit rund einem Meter Kantenlänge. Eine Vergesellschaftung mit anderen Malawisee-Cichliden, wie Mbunas und »*Haplochromis*«-Arten, ist zwar möglich, jedoch nicht ideal. Durch die verhältnismäßig gering ausgeprägte Aggressivität kann sich diese Art, wie auch viele andere *Aulonocara*, nicht gegen die wesentlich robusteren Mbunas und »*Haplochromis*« behaupten. Wer das gesamte Verhaltensspektrum und die Farbenpracht eines balzenden Männchens erleben möchte, sollte eine Pflege im Artbecken anstreben.

Leider wurde der Blaukopf-Kaiser erst 1985 wissenschaftlich beschrieben. Wie oben erwähnt, gelangten die ersten Exemplare jedoch bereits Ende der siebziger Jahre unter Handelsbezeichnungen nach Deutschland und sind auch heute z.T. noch unter Trivialbezeichnungen im Umlauf. Exportiert wurden die Tiere der drei oben genannten Populationen unter den Namen *A.* »Yellow Benga«, *A.* »Maleri« und *A.* »Yellow Regal Chipoka«. Durch unkorrekte Weitergabe und Neuerfindungen von Namen kann man diese Fische unter vielen weiteren Namen in Anzeigen und Preislisten wiederfinden. *Aulonocara* »Gold«, *A.* »Orange«, *A.* »Lemon Yellow«, *A.* »Gold Chipoka«, *A.* »Yellow Peacock« und *A.* »Yellow Regal« sind nur einige davon. Leider ist aus diesen Namen vielfach nicht ersichtlich, welcher Population die jeweiligen Tiere angehören. Unter Aquarienbedingungen gehaltene oder gezüchtete Exemplare lassen sich meist nicht sicher einer bestimmten Population zuordnen, da neben der Färbung auch die Körperform durch die zwangsläufig unnatürlichen Bedingungen variieren kann. Selbst bei den Wildfängen ist dies schwierig, da alle drei Populationen sehr eng miteinander verwandt sind. Noch problematischer ist es, weibliche Exemplare einem bestimmten Fundort zuzuordnen. Zwar wurden alle Populationen als eine Art beschrieben, doch scheint die geographische Isolierung auch eine sexuelle Isolierung der Populationen im See zu bewirken. Unter dem Aspekt der Reinerhaltung der ursprünglichen Formen sollte deshalb jeder verantwortungsbewußte Züchter darauf achten, daß nur Tiere einer Population zur Weiterzucht verwendet werden.

Aulonocara »Usisya«

Nach Auffassung von Meyer & Riehl (1985) und Meyer et al. (1987) handelt es sich bei dem unter der Handelsbezeichnung *A.* »Usisya« bekannt gewordenen Kaiserbuntbarsch ebenfalls um eine Population von *A. baenschi*, den die genannten Autoren als *A. baenschi* (Usisya) bezeichneten. Allerdings beschrieben Meyer et al. in der 1987 publizierten Arbeit auch die neue Art *A. steveni* von Kande Island, die hinsichtlich der Körperform und Färbung weitestgehend *A.* »Usisya« entspricht. Der auffälligste Unterschied zwischen *A.* »Usisya« und den oben angeführten drei Populationen von *A. baenschi* besteht in den stark ausgeprägten schwarzen Streifen in der Rücken- und Afterflosse ausgefärbter Männchen von *A.* »Usisya«. Diese Streifen fehlen bei jeder der drei *A.-baenschi*-Populationen, während sie bei *A. steveni* neben anderen farblichen Übereinstimmungen in gleicher Weise ausgeprägt sind (vgl. S. 82). Berücksichtigt man die Bedeutung der charakteristischen Färbungsmerkmale bei Kaiserbuntbarschen als artisolierenden Mechanismus beim gleichzeitigen Fehlen anderer morphologischer Unterschiede (vgl. Meyer et al., 1987), so ist zu folgern, daß es eigentlich sinnvoller wäre, *A.* »Usisya« als Population von *A. steveni* einzuordnen. Es bleibt deshalb unverständlich, warum Meyer et al. *A.* »Usisya« als Population von *A. baenschi* und nicht von *A. steveni* betrachten.

Die für den Zierfisch-Export bestimmten Usisya-Kaiserbuntbarsche wurden in der Nähe der kleinen Ortschaft Usisya an der Nordwest-Küste des Malawisees gefangen. Nach GRANT et al. (1987) wird sandiger, mit kleinen Felsen durchsetzter Untergrund besiedelt. Die bevorzugte Wassertiefe liegt zwischen 3 und 10 m. Geschlechtsreife Männchen leben territorial, während weibliche Tiere zur Gruppenbildung neigen. Nach Unterwasserbeobachtungen wird die Nahrung, wie auch bei anderen *Aulonocara*-Arten, vom Untergrund aufgenommen. Vermutlich ernährt sich auch der »Usisya-Kaiser« überwiegend von Insektenlarven. Im Aquarium nimmt er jedoch ausnahmslos jede Art von Ersatzfutter an. Weitere Einzelheiten zur Haltung und Zucht dieses leicht zu pflegenden Kaiserbuntbarsches entnehme man dem vorausgehenden Kapitel.

Aulonocara »Black Top Chisumulu«

Mit *Aulonocara* »Black Top Chisumulu« möchte ich einen wissenschaftlich bislang unbeschriebenen Vertreter der Gattung *Aulonocara* vorstellen. Aber auch aquaristisch ist diese Art weitgehend unbekannt. Wie in der vorläufigen Bezeichnung bereits angedeutet, liegt der Fundort bei der Insel Chisumulu nahe der Küste Mozambiques. Nach Aussagen von S. Mwale, der die meisten *Aulonocara*-Arten im Auftrage des Exporteurs S. Grant fängt, existiert eine gleiche oder ähnliche Form bei der Nachbarinsel Likoma. Es sei in diesem Zusammenhang darauf hingewiesen, daß *A.* »Black Top Chisumulu« offensichtlich eng mit *A. ethelwynnae* verwandt ist. Zur Unterscheidung beider Arten können das unterschiedliche Zeichnungsmuster der Rückenflossen sowie die bei *A. ethelwynnae* nicht vorhandene gelbliche Schulterfärbung dienen.

Die vorliegenden Unterwasseraufnahmen entstanden bei Chisumulu in der Nähe der Ortschaft Chiteko. Der Untergrund war überwiegend sandig mit wenigen, vereinzelt liegenden Steinbrocken. In der Nähe einer solchen Ansammlung von kleineren bis mittelgroßen Steinen lebte in 15 m Tiefe eine kleine Anzahl vom »Black Top Chisumulu«. Männliche Exemplare schienen zwar standorttreu zu sein, doch konnte ich wiederholt beobachten, wie verschiedene Männchen in die Nähe anderer Männchen schwammen und Imponiergebärden ausführten. In allen beobachteten Fällen blieb es jedoch beim Flossenspreizen; Körperattacken erfolgten nicht. Die Weibchen hielten sich zumeist etwas abseits auf dem angrenzenden Sandgrund auf. Übrigens fand ich am gleichen Standort auch *A. korneliae*. Demnach dürfte es sich um zwei sympatrische Arten handeln, die nicht nur am gleichen Fundort, nämlich Chisumulu, vorkommen, sondern auch ähnliche Ansprüche an ihren Lebensraum stellen.

Obwohl aquaristische Erfahrungen mit *A.* »Black Top Chisumulu« noch fehlen, ist zu vermuten, daß sich auch diese Art unter Aquarienbedingungen ähnlich verhält wie andere Fels-*Aulonocara*.

Aulonocara brevirostre
(TREWAVAS, 1935)

Nach zwei möglicherweise noch jungen Exemplaren wurde *A. brevirostre* 1935 von TREWAVAS beschrieben. Die Autorin stellte diese Art damals zur Gattung *Trematocranus*, die ja 1987 durch MEYER et al. eingezogen wurde. Die Belegexemplare stammten aus dem südöstlichen Teil des Sees und waren 5,3 und 7,2 cm groß (Standardlänge). Laut TREWAVAS besitzt *A. brevirostre* elf Querstreifen und drei dunkle Flecke; einen auf der oberen Seitenlinie unterhalb des Hartstrahlenteils und einen zweiten unter dem Weichstrahlenteil der Rückenflosse. Der dritte Fleck befindet sich auf der Basis der Schwanzflosse. Auch ein Kiemendeckelfleck ist vorhanden.

Näheres zur Lebensweise ist nicht bekannt. Aquaristisch ist *A. brevirostre* bisher nicht in Erscheinung getreten. RIBBINK und Mitarbeiter (1983) haben die felsigen bzw. gemischten Bereiche im südöstlichen Teil des Sees verhältnismäßig gut untersucht, konnten *A. brevirostre* jedoch nicht in diesen Lebensräumen nachweisen. Es wäre denkbar, daß die vorliegende Art zur ökologischen Gruppe der Sand-*Aulonocara* gehört und nur über reinem Sandgrund im tieferen Wasser anzutreffen ist.

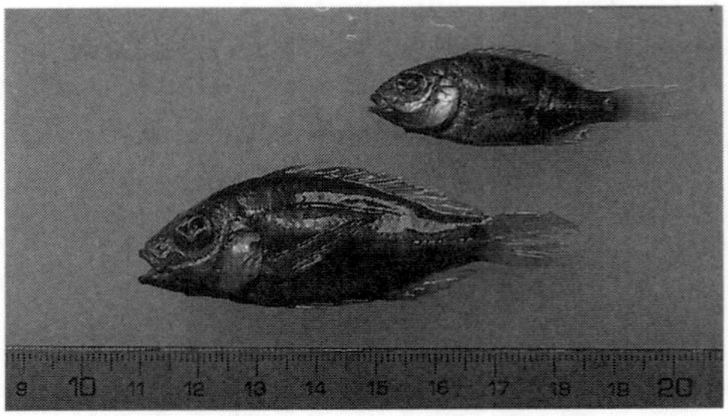

Aulonocara brevirostre, Syntypus

38 38) **Aulonocara »Rot«, ♂.**
39 39) **Aulonocara »Rotschulter«, ♂.**
40 40) **Aulonocara »Rotschulter«, ♀.**

Aulonocara »Chitendi Type East Coast«

Unter der Handelsbezeichnung *A.* »Chitendi Type East Coast« ist diese bislang unbeschriebene Art exportiert worden. Wie der Name andeutet, handelt es sich um einen Kaiserbuntbarsch, der an der zu Malawi gehörenden Ostküste des Sees vorkommt. Dort scheint die Art offensichtlich ein größeres Verbreitungsgebiet zu besitzen. So kann man im Bereich von Makanjila Point und Fort Maguire verhältnismäßig häufig Exemplare dieser Art antreffen. Neben der Ortsangabe »East Coast« im Handelsnamen bezieht sich der Zusatz »Chitendi« auf das Aussehen der männlichen Tiere. Zwar ist mit »Chitendi« auch ein Fundort, nämlich Chitendi Island, angegeben, doch stellt die Insel Chitendi im Nordwesten des Sees für die Art *A. ethelwynnae* den einzigen bekannten Fundort dar. *Aulonocara ethelwynnae* wurde früher überwiegend als Chitendi-*Aulonocara* gehandelt, so daß »Chitendi« im Namen der vorliegenden Art nur als Hinweis auf die ähnliche Färbung zu *A. ethelwynnae* zu verstehen ist und nicht als zusätzliche Fundortangabe.

Weitere Namen, die in der Vergangenheit verschiedentlich im Handel für *A.* »Chitendi Type East Coast« verwendet wurden, sind *A.* »Makanjila«, *A.* »Fort Maguire« und auch *A.* »Masinje«.

Im natürlichen Lebensraum bevorzugt der »Chitendi Type East Coast« gemischten Untergrund. In der Regel findet man die Tiere nicht in reinen Fels- oder Geröllbiotopen, sondern über mit kleinen bis mittelgroßen Steinbrocken durchsetztem Sandgrund. Weibchen schließen sich häufig zu kleinen Gruppen zusammen. Soweit ich das beobachten konnte, werden der Sand oder auch der Aufwuchs an Steinen nach Freßbarem abgesucht. Reiner Sandgrund, weitab von steinigen Bereichen, zählt allerdings nicht zum Lebensraum dieser Art. Am häufigsten lebt der »Chitendi Type East Coast« im flachen Wasser von 3 bis 10 m Tiefe; seltener findet man Exemplare in 20 m Tiefe.

Im Aquarium kann diese Art sehr temperamentvoll sein. Männliche

41 42 43 44 45 46 47 48

41) Aulonocara saulosi, ♂. 42) Aulonocara saulosi, ♂ und ♀. 43) Aulonocara steveni, ♂, UW-Aufnahme von Kande Island. 44) Aulonocara stuartgranti (Chilumba), ♂. 45) Aulonocara stuartgranti (Chilumba), bei diesem nicht voll ausgefärbten Männchen tritt die rötliche Brustfärbung hervor. 46) Aulonocara stuartgranti (Mbenji), ♀. 47) Aulonocara stuartgranti (Mbenji), ♂. 48) Aulonocara stuartgranti (Chilumba), ♀.

Tiere verteidigen mit Nachdruck ihre Revieransprüche und stellen ihren Weibchen energisch nach. Empfehlenswert ist deshalb eine Pflege von kleinen Gruppen mit einem Männchen und mehreren Weibchen. Neben zahlreichen Versteckmöglichkeiten ist die Beckengröße wichtig; eine Kantenlänge von mindestens 1,2 m sollten wir dieser Art schon bieten. Was die Ernährung angeht, so kann man *A.* »Chitendi Type East Coast« als problemlosen Allesfresser bezeichnen.

Wenn balzende Männchen ihre Flossen weit abspreizen, fällt sofort die mit großen Eiflecken übersäte Afterflosse auf. Aufgrund dieser großen Eiflecken unterscheidet sich der »Chitendi Type East Coast« von den meisten anderen bekannten *Aulonocara*-Arten. Ähnlich große und zahlreiche Eiflecke zeigt auch *A.* »Kande Braun«, zu dem vermutlich eine engere Verwandtschaft besteht (vgl. Abb. S. 38). Ebenfalls eine offensichtlich nah verwandte Art stellt *A.* »Black Top Chisumulu« dar. Von dem zuletzt genannten Kaiserbuntbarsch läßt sich *A.* »Chitendi Type East Coast« jedoch anhand der Rückenflossenzeichnung unterscheiden. *Aulonocara* »Black Top Chisumulu« weist einen schwarzen Saum in der Dorsale auf, während die Rückenflosse von *A.* »Chitendi Type East Coast« einen weißen Saum trägt.

Abschließend sei angemerkt, daß Ribbink und Mitarbeiter (1983) eine ähnliche, möglicherweise identische Art bei Monkey Bay im Süden des Sees nachweisen konnten, die ebenfalls durch zahlreiche Eiflecken auf der Afterflosse und einen weißen Rückenflossensaum gekennzeichnet ist. Auch die Körperfärbung ist weitgehend gleich. Die angeführten Autoren nannten diese Form *A.* »Blue Collar«, was soviel wie »Blauer Kragen« bedeutet. Ob es sich bei *A.* »Blue Collar« und *A.* »Chitendi Type East Coast« tatsächlich um die gleiche Art handelt, läßt sich beim gegenwärtigen Kenntnisstand nicht sagen; erst eingehendere Untersuchungen könnten hier Klarheit schaffen.

Aulonocara »Cobue«

Dieser schön gefärbte Kaiserbuntbarsch hat sich in unseren Aquarien leider nicht halten können. Nur sehr selten findet man die mit 7–8 cm Länge sehr kleinwüchsige Art in den Aquarien einiger Liebhaber. Bedingt durch die geringe Körpergröße ist der Cobue-*Aulonocara* selbst in Gesellschaftsaquarien gut zu pflegen. Z.Z. werden jedoch keine Exemplare dieser noch unbeschriebenen Art in den Handel gebracht.

Exportiert wurde bis vor knapp drei Jahren eine geringe Anzahl von dem ehemaligen Zierfisch-Exporteur Norman Edwards, der aus Altersgründen seinen Beruf nicht mehr ausübt. Gelegentlich wurde diese Art auch unter den Bezeichnungen *A.* »Brillant Blue« oder *A.* »Khobwe« angeboten. Die für den Export gefangenen Exemplare stammten von der im Süden des Sees bei Cape Maclear gelegenen Insel Thumbi West. Nach Aussagen von N. Edwards handelt es sich dabei jedoch nicht um eine natürlich vorkommende Population. Vielmehr habe der erste Zierfisch-Exporteur am Malawisee, T.E. Davies, diese *Aulonocara*-Art an der Küste Mozambiques auf der Höhe von Likoma in der Nähe der Ortschaft Cobue gefangen. Zu allem Überfluß soll es dort auch eine Insel geben, die ebenfalls Thumbi genannt wird. Und an jener Insel sollen die ersten Exemplare des Cobue-*Aulonocara* gefangen worden sein. Über die weitere Verbreitung von *A.* »Cobue« an der Küste Mozambiques ist nichts bekannt geworden.

Natürlich stellt sich die Frage, warum Davies seinerzeit diese Fische dort ausgesetzt hat. Davies hat jedoch nicht nur diesen *Aulonocara*, sondern auch andere ursprünglich dort nicht vorkommende Cichliden ausgesetzt, wenn er die Tiere nicht veräußern konnte. Daß durch diese Verfälschung der ursprünglichen Fauna zukünftige Forschungsarbeiten erheblich erschwert sind, liegt auf der Hand. Auch Aquarianer, die den Malawisee bereisen, sollten gefangene Fische nur an den ursprünglichen Stellen in den See zurücksetzen, um eine Faunenverfälschung zu vermeiden.

Aulonocara »Cobue« weist eine hohe Ähnlichkeit zu *A. hansbaenschi* und zu *A.* »Rotschulter« auf. Typisch für *A.* »Cobue« sind der geringe Rotanteil im Brustbereich und die unter natürlichen Bedingungen auffallend geringe Größe. Es ist nicht auszuschließen, daß das Verbreitungsgebiet von *A. hansbaenschi* sehr viel größer ist als angegeben (vgl. MEYER et al., 1987) und *A.* »Cobue« möglicherweise eine geographische Variante dieser Art darstellt.

Aulonocara ethelwynnae

MEYER, RIEHL & ZETZSCHE, 1987

Als eine der schönsten Arten darf man diesen Kaiserbuntbarsch wohl bezeichnen. Obwohl erst im Jahre 1987 wissenschaftlich beschrieben, berichtete die leider viel zu früh verstorbene EDITH KORTHAUS bereits 1982 über den bis dahin unbekannten *Aulonocara*. E. KORTHAUS entdeckte *A. ethelwynnae* während einer Reise an den Malawisee an der kleinen Insel Chitendi. Chitendi Island liegt weit im Norden des Sees in der Nähe der Ortschaft Chilumba, und bislang konnte *A. ethelwynnae* nur dort nachgewiesen werden. Die ersten Beobachtungen und auch Unterwasserfotos wurden seinerzeit von E. KORTHAUS in der Zeitschrift »Das Aquarium« veröffentlicht, und ihre Anmerkungen seien hier auszugsweise wiedergegeben:

»Wenn es aber *Aulonocara* sind, dann haben wir es entweder mit einer beeindruckenden, neuen Variante oder mit einer neuen Art zu tun. Die Violettfärbung der Flossen sieht geradezu unwahrscheinlich aus, wenn die Männchen die Flossen spreizen, und das tun sie im See fast immer; denn ständig ist ein Artgenosse irgendwo in der Nähe, dem man zeigen muß, wem das Revier gehört ... Die ersten Männchen begegneten mir bei rund 7 m, ab 12 m wurden sie dann immer reichlicher. Bei 15 m erreichte die Populationsdichte ihren Höhepunkt, danach wurde es wieder weniger und bei 17 m Tiefe, wo der Boden überwiegend sandbedeckt war und es kaum noch Steine gab, hörte die Besiedlung auf.«

Seit der Entdeckung ist *A. ethelwynnae* nur sporadisch in den Handel gelangt. Ein Grund dafür dürfte die weite Entfernung von Chilumba zur Hauptstation des z.Z. einzigen Exporteurs für Zierfische in Malawi, S. Grant, darstellen. Tagelange Anfahrten sind erforderlich, um derartige Distanzen per Boot zurückzulegen. Der Vollständigkeit halber sei erwähnt, daß die wenigen Exemplare, die in unsere Aquarien gelangten, ursprünglich unter verschiedenen Handelsnamen geführt wurden. *Aulonocara* »Northern«, *A.* »Korthausae« und *A.* »Chitendi« waren die am häufigsten benutzten Namen. Als *A.* »Chitendi« wird dieser bislang am weitesten im Norden gefangene Kaiserbuntbarsch noch in vielen Händlerpreislisten geführt, und es bleibt abzuwarten, wann sich der wissenschaftliche Name *A. ethelwynnae* endgültig durchsetzen wird.

Frisch importierte Exemplare weisen eine Gesamtlänge von rund 7–8 cm auf und sollten behutsam eingewöhnt werden. Besonders in der Eingewöhnungszeit ist darauf zu achten, daß keine zu robusten Arten im gleichen Aquarium gepflegt werden, damit *A. ethelwynnae* nicht »untergeht«. Einmal eingewöhnte Tiere lassen sich dagegen genauso problemlos pflegen wie andere *Aulonocara*-Arten.

Aulonocara »Greenface Metallic«

Wie aus dem Namen ersichtlich, handelt es sich beim »Greenface Metallic« um eine wissenschaftlich noch unbeschriebene *Aulonocara*-Art. Zwar fand diese Art bereits Berücksichtigung in der Revision der Gattung durch Meyer et al. (1987), indem sie dort formal beschrieben wurde, doch erfolgte unverständlicherweise keine Vergabe einer wissenschaftlichen Artbezeichnung. In der erwähnten Publikation wird der »Greenface Metallic« als *A.* spec. (Likoma) bezeichnet. Im Handel ist überwiegend die hier gewählte Bezeichnung gebräuchlich.

Eine weitere Handelsbezeichnung, die jedoch nur selten verwendet wird, ist »Special Likoma *Aulonocara*«, womit auch gleich der Fundort des »Greenface Metallic«, nämlich die nahe der Küste Mozambiques gelegene Insel Likoma, genannt ist. Laut GRANT et al. (1987) bevorzugt der »Greenface Metallic« wie die meisten aquaristisch bekannt gewordenen *Aulonocara*-Arten gemischten Sand-Stein- bzw. Sand-Fels-Untergrund. Allerdings scheint es sich nicht um einen Flachwasserbewohner zu handeln. In der o.a. Arbeit wird auf einen Tiefenbereich von 12 bis 15 m verwiesen. Nach meinen Beobachtungen kann man diese Art auch noch tiefer antreffen. So hatte ich während eines Tauchgangs bei Likoma nahe Membe Point das Glück, *A.* »Greenface Metallic« im natürlichen Lebensraum in 23 m Tiefe beobachten zu können. Vermutlich handelt es sich nicht um eine besonders häufig vorkommende Art. Die Männchen besitzen Reviere und sind offensichtlich sehr standorttreu, während die Weibchen keinen bestimmten Platz bevorzugen, sondern nach Futter suchend durch die Unterwasserlandschaft streifen.

Bemerkenswert sind beim »Greenface Metallic« die stark ausgeprägten und tiefen Grübchen unter den Augen, die besonders auffallen, wenn man die Tiere aus dem Wasser nimmt und bei schräg auftreffendem Licht betrachtet. Von anderen *Aulonocara*-Arten unterscheidet sich die Art durch die spitz zulaufende Kopfform und den intensiven grünlichen Glanz im Kopfbereich. Mit Blitzlicht-Fotografien läßt sich dieser grünliche Glanz jedoch nur sehr unzureichend wiedergeben.

Leider ist *A.* »Greenface Metallic« sehr selten importiert worden und zählt unter Liebhabern zu den echten »Raritäten«. Im Aquarium hat sich diese Art als wenig durchsetzungsfreudig erwiesen. Besonders ist darauf zu achten, daß die Tiere nicht durch stärkere Aquarienbewohner unterdrückt werden.

Aulonocara hansbaenschi

MEYER, RIEHL & ZETZSCHE, 1987

Als *A.* »Red Flush«, was man sinngemäß mit »roter Hauch« übersetzen könnte, wurde dieser schöne Kaiserbuntbarsch ab 1985 nach Deutschland eingeführt. Zwei Jahre später erfolgte innerhalb der Revision der Gattung *Aulonocara* durch MEYER und Mitarbeiter die wissenschaftliche Beschreibung als *A. hansbaenschi.* Bislang konnte nur eine Population an der zu Malawi gehörenden Ostküste des Sees im Bereich von Makanjila nachgewiesen werden. Die für den Export bestimmten Tiere wurden ausschließlich an einem eng begrenzten Küstenbereich von ca. 2 km Ausdehnung gefangen, der sich südlich der Mündung des Masinje-Flusses nahe dem Ort N'tekete befindet.

Während verschiedener Tauchgänge konnte ich nur wenige Exemplare zwischen 8 und 12 m Tiefe beobachten. Der überwiegend sandige Untergrund war zum Teil mit kubikmetergroßen Felsbrocken durchsetzt, neben denen sich die *A. hansbaenschi* aufhielten. Obwohl es sich allem Anschein nach um reviertreue Männchen handelte, verließen sie selbst bei vorsichtiger Annäherung rasch ihre Plätze und legten scheinbar ziellos weite Strecken zurück. Allerdings konnte ich einen Tag später dieselben Tiere an den gleichen Stellen wiederfinden.

Nach Aussagen von S. Grant et al. (1987) findet man diese Art auch oft unter Felsüberhängen oder in kleinen Höhlen, in denen sich manchmal ganze Gruppen mit mehreren Männchen und Weibchen befinden. Letztere sind übrigens wie bei den meisten Arten einfarbig grau-braun und tragen acht bis zehn dunkle Querstreifen.

Am gleichen Fundort leben noch zwei weitere *Aulonocara*-Arten, nämlich *A. saulosi* und *A.* »Chitendi Type East Coast«. Die zuletzt genannte Art bevorzugt jedoch sandigeren Untergrund und hat auch ein wesentlich größeres Verbreitungsgebiet.

Im Aquarium hat sich *A. hansbaenschi* als sehr friedfertiger Kaiserbuntbarsch erwiesen. Frisch exportierte Tiere sind ca. 8 bis 10 cm groß und benötigen zur Eingewöhnung oft eine längere Zeit als andere *Aulonocara*, bevor sie ihre Scheu dem Pfleger gegenüber ablegen. Dazu kann es sinnvoll sein, andere friedliche und bereits eingewöhnte Fische hinzuzusetzen, die die Wildfänge zum Fressen »animieren« und auch dazu beitragen, daß sich die natürliche Scheu rasch verliert. Leider ist *A. hansbaenschi* noch nicht häufig nachgezüchtet worden, so daß nur selten preiswerte Nachzuchten im Zoohandel angeboten werden.

Aulonocara hansbaenschi weist eine sehr große Ähnlichkeit zu dem sogenannten Rotschulter-*Aulonocara* auf, der als erster Kaiserbuntbarsch unter der falschen Bezeichnung *A. nyassae* Anfang der siebziger Jahre eingeführt wurde. Offensichtlich sind beide Arten sehr eng miteinander verwandt. Ob die beiden Formen miteinander identisch sind oder nur zwei unterschiedliche Standortvarianten einer Art darstellen, kann z.Z. nicht geklärt werden, da der Rotschulter-*Aulonocara* (vgl. S. 81) schon seit geraumer Zeit nicht mehr exportiert wurde. Untersuchungen an in Aquarien gezüchteten Tieren sind jedoch in diesem Fall nicht aussagekräftig genug, da unter unnatürlichen Bedingungen aufgezogene Tiere sowohl farblich als auch morphologisch stark von Wildfängen abweichen können.

Eine weitere Art, die mit *A. hansbaenschi* eng verwandt ist, stellt

A. »Cobue« dar. Dieser Kaiserbuntbarsch unterscheidet sich von *A. hansbaenschi* in erster Linie durch die geringe Ausprägung der roten Brustfärbung und mehr noch durch die unter natürlichen Bedingungen geringere Größe. Bis zur genauen Klärung der Verwandtschaftsverhältnisse der genannten drei Kaiserbuntbarsche sollte jede Art als eigenständige Population geführt werden.

Aulonocara hueseri

MEYER, RIEHL & ZETZSCHE, 1987

Aulonocara hueseri ist wohl einer der beliebtesten Kaiserbuntbarsche. Bereits seit Ende der siebziger Jahre ist diese Art unter verschiedenen Handelsbezeichnungen im Umlauf, bis 1987 die wissenschaftliche Erstbeschreibung als *A. hueseri* erfolgte. Geläufig waren und sind z.T. noch die Bezeichnungen *A.* »White Top« oder *A.* »White Top Likoma«, *A.* »Gelbbauch« und *A.* »Night«. Gemeint ist in jedem Fall *A. hueseri.* Wahrscheinlich existiert von dieser Art nur eine Population bei der Insel Likoma, da außer bei Likoma *A. hueseri* bislang nirgends gefunden werden konnte. Die bevorzugte Wassertiefe liegt ähnlich wie bei den anderen Fels-*Aulonocara* im Bereich von 10–15 m. Auch in der Lebensweise fällt *A. hueseri* nicht aus dem Rahmen: Sand-Fels-Untergrund wird bevorzugt.

Im Aquarium sind größere bzw. aggressivere Cichliden, wie z.B. fast alle Mbunas, aber auch robuste *»Haplochromis«*-Arten, keine geeigneten Partner für *A. hueseri.* Unterdrückte Männchen sind überwiegend blaß gefärbt und zeigen kaum Farben. Exportierte Exemplare dieses verhältnismäßig kleinen *Aulonocara* sind höchstens 9 cm groß; meist liegt die Gesamtlänge jedoch bei 7–8 cm. Trotz der geringen Größe sollte die innerartliche Aggressivität nicht unterschätzt werden. Für Weibchen müssen genügend Versteckmöglichkeiten in Form von Steinhöhlen oder ähnlichem vorhanden sein. Eine Pflege von zwei Männchen ist nur in großen Aquarien ab ca. 1,5 m Kantenlänge sinnvoll. Zwar wird ein unterlegenes Männchen nicht zerbissen, dennoch übernimmt es in zu kleinen Bekken meist nur die Rolle des Prügelknaben.

Aulonocara jacobfreibergi

(JOHNSON, 1974)

Der Feenbuntbarsch, wie *A. jacobfreibergi* im Deutschen häufig bezeichnet wird, zählt zu den beliebtesten Arten seiner Gattung und hat eine weite Verbreitung in unseren Aquarien gefunden. Beschrieben wurde *A. jacobfreibergi* 1974 als Vertreter der Gattung *Trematocranus.* JOHNSON, der Autor der Erstbeschreibung, gab als Fundort seiner Belegexemplare die zu Malawi gehörende südliche Ostküste im Bereich von Makanjila an (Makanjila Island). Allerdings wurden die für den Zierfisch-Export bestimmten Feenbuntbarsche überwiegend im Süden des Sees bei Cape Maclear gefangen.

Nach Ribbink et al. (1983) konnte die vorliegende Art bei Nkudzi, Monkey Bay, Nankumba, Domwe Island und Otter Point nachgewiesen werden. *Aulonocara jacobfreibergi* führt offenbar eine sehr versteckte Lebensweise. Nach Aussagen der einheimischen Zierfischfänger wird die Art nur in Höhlen oder zumindest höhlenartigen Unterständen angetroffen. Während meiner Tauchgänge bei Otter Point hatte ich die Gelegenheit, eine kleine Gruppe in ihrem natürlichen Lebensraum zu beobachten. In 3 m Tiefe führte ein enger Spalt waagerecht mehrere Meter weit in das nur scheinbar einheitliche Felsmassiv des Untergrundes. Der Spalt war so eng, daß man mit einer Tauchflasche auf dem Rücken kaum hätte eindringen können. Zur Atemluftversorgung wurden deshalb lange Schläuche benutzt, die im Boot an einem Hochdruck-Versorgungstank angeschlossen waren. Der Spalt führte keineswegs geradlinig, sondern mehrfach gewunden in den Fels. Nach ca. 4 m erweiterte sich der Spalt zu einem vielleicht kubikmetergroßen Hohlraum. In dieser unterirdischen Höhle imponierte das offensichtlich stärkste *A. jacobfreibergi*-Männchen mit aufgestellten Flossen vor rangniedrigeren Männchen. Letztere waren bei weitem nicht so intensiv gefärbt. Weibchen, die sich mehr abseits in kleinen Gruppen aufhielten, wurden bei Annäherung sofort angebalzt. Leider war mein Beobachtungszeitraum nur sehr kurz bemessen. Die Atemluft wirbelte kleinste Partikel an der Höhlendecke auf, die nach kurzer Zeit das Wasser vor dem starken Unterwasser-Scheinwerfer wie Nebelschwaden trübten und die weitere Beobachtung wie auch die Orientierung stark beeinträchtigten.

Offensichtlich gibt es in jeder Höhle in der Regel nur ein voll ausgefärbtes Männchen, obwohl weitere, allerdings unterlegene Männchen durchaus in

49 50
51 52
53 54
55 56

49) Aulonocara stuartgranti (Mbenji), ♂ bei den Mbenji Inseln in 15 Meter Tiefe. 50) Aulonocara »Lions Cove«, UW-Aufnahme direkt bei Lions Cove. 51) Aulonocara »Walteri«, ♂ direkt nach dem Fang fotografiert. 52) Aulonocara »Walteri«, prächtig ausgefärbtes ♂ im Aquarium. 53) Aulonocara »Walteri«, ♀. 54) Aulonocara »Glanzpunkt«, ♂. 55) Aulonocara »Glanzpunkt«, ♀. 56) Aulonocara »Yellow Collar«, UW-Aufnahme eines ♂ von Mbungu, Likoma, in 12 Meter Tiefe.

größerer Anzahl in diesen Höhlen leben. Staeck (1988) konnte beobachten, daß in sehr großen Höhlen allerdings auch mehrere Männchen Reviere abgrenzen und sexuell aktiv sein können.

Magenuntersuchungen ergaben, daß, wie für die meisten Fels-*Aulonocara* beschrieben, überwiegend Insektenlarven und Muschelkrebschen die Nahrungsgrundlage im natürlichen Lebensraum bilden (Ribbink et al., 1983).

Entgegen der verborgenen Lebensweise im Malawisee läßt sich der Feenbuntbarsch auch in einem normalen, cichlidengerecht eingerichteten Aquarium pflegen. Empfehlenswert ist die Haltung von ein bis zwei Männchen mit mehreren Weibchen in einem Behälter von rund 1,5 m Kantenlänge oder mehr. Sofern es zu keiner Unterdrückung durch aggressivere Arten kommt, tummeln sich die Tiere wie andere *Aulonocara*-Arten im freien Wasser. Auch an die Ernährung stellen sie keine besonderen Ansprüche, ganz im Gegenteil: Eingewöhnte Exemplare zeigen einen gesegneten Appetit und fressen am liebsten große Brocken, so daß vor allem bei ballastarmer Kost, wie Fischfleisch oder Rinderherz, die Gefahr von Erkrankungen des Verdauungstraktes besteht. Nachzuchten werden bereits in einem Alter von einem Jahr geschlechtsreif und pflanzen sich meist willig fort.

Verschiedentlich wurde in der Literatur über Standortvarianten bzw. Farbformen von *A. jacobfreibergi* berichtet. Ribbink et al. (1983) weisen auf eine »Anzahl ähnlicher Cichliden mit unterschiedlichen Färbungen an verschiedenen Küstenabschnitten« hin, die jedoch aufgrund der versteckten Lebensweise nicht genauer untersucht werden konnten. Lewis (1986) unterscheidet neben der Standardform von *A. jacobfreibergi* eine gelbe Form dieser Art.

Nach N. Edwards, der bis Mitte der achtziger Jahre als Zierfisch-Exporteur im Süden des Malawisees tätig war, wurden zwei Standort- bzw. Farbvarianten von *A. jacobfreibergi* für die Aquaristik gefangen. Edwards exportierte diese Formen seinerzeit unter den Handelsbezeichnungen *Tre-*

57
58
57) Mbenji Island – Lebensraum von A. stuartgranti (Mbenji).
58) Nakanthenga – neben Nankoma und Maleri der Lebensraum von A. baenschi (Maleri).

matocranus »Reginae« und *T.* »Carolae«. In der Revision der Gattung *Aulonocara* wurde die Gattung *Trematocranus* eingezogen, und dementsprechend müssen auch diese Formen als *Aulonocara* bezeichnet werden. Frisch exportierte Exemplare von *A.* »Carolae« wiesen einen sehr schlanken Körperbau und ein intensiv rotes Farbkleid auf. Leider sind längere Zeit unter Aquarienbedingungen gepflegte Tiere nicht ohne weiteres zuzuordnen. Bedingt durch die oft reichhaltige Kost sind Aquarientiere im Körperbau kräftiger als Wildfänge. Auch was die Intensität der Rotfärbung betrifft, können geringe Unterschiede im Farbmuster der verschiedenen Farbvarianten oft nur schwer erkannt werden.

Im Handel werden Farbvarianten von *A. jacobfreibergi* auch noch unter anderen Bezeichnungen geführt. Die meisten dieser Namen sind auf unberechtigte Neubenennungen bereits bekannter Farbvarianten zurückzuführen, die aus kommerziellen Gründen erfolgten (z.B. *A.* »Simonae«).

Aulonocara jacobfreibergi und die erwähnten Farbvarianten werden seit etwa Mitte der achtziger Jahre nicht mehr gefangen und exportiert, da die Region um Otter Point zum neu eingerichteten Unterwasser-Nationalpark gehört. Es bleibt abzuwarten, ob diese Art bzw. ähnliche Formen auch in anderen Bereichen des Sees in entsprechenden Mengen gefunden werden.

Aulonocara »Kande Braun«

Wie der Name bereits andeutet, handelt es sich bei dieser Kaiserbuntbarsch-Art um eine Population, die bei der kleinen Insel Kande im Nordwesten des Sees anzutreffen ist. Die nächste größere Ortschaft ist Chintheche, die sich ca. 15 km weiter nördlich befindet. Kande Island ist eine sehr kleine Insel, die der Küste dicht vorgelagert ist. Inmitten einer kilometerweiten Sandfläche befindet sich um das Felslitoral der Insel ein strikt isolierter Lebensraum. Neben den *Aulonocara*-Arten *A. maylandi kandeensis* und *A. steveni* ist *A.* »Kande Braun« der dritte Kaiserbuntbarsch bei Kande Island. Die drei Formen leben offensichtlich mit- und durcheinander, so daß man davon ausgehen kann, daß es sich um drei gute Arten handelt. Wissenschaftlich beschrieben ist *A.* »Kande Braun« jedoch noch nicht. Obwohl diese Art in ihrem eng begrenzten Lebensraum – Kande Island ist ca. 40 × 40 m groß – relativ häufig vorkommt, ist sie bislang nicht in nennenswerten Zahlen exportiert worden. Bei dem »gedeckt« gehaltenen Farbkleid dürften sich auf Dauer wohl auch nur wenige Liebhaber für diese Art interessieren. Den natürlichen Lebensraum bildet die Übergangszone zwischen Fels und Sand. Das Ufer bei Kande Island fällt steil ab und besteht aus mittleren und großen Felsbrokken. In etwa 10 m Tiefe ist der Sockel der Insel erreicht, so daß man nur noch sanft abfallenden Sandboden antrifft. In dieser Übergangszone konnte ich das vorliegende Foto von einem Männchen aufnehmen. Während männliche Exemplare deutlich in der Nähe der Felsen anzutreffen waren, hielten sich große Gruppen von Weibchen über dem angrenzenden Sandgrund auf.

Obwohl aquaristische Erfahrungen mit *A.* »Kande Braun« noch nicht bekannt geworden sind, dürfte sich die Art wohl auch unter ähnlichen Bedingungen im Aquarium pflegen und züchten lassen wie die meisten anderen Fels-*Aulonocara*.

Aulonocara korneliae

MEYER, RIEHL & ZETZSCHE, 1987

Als eine der schönsten Kaiserbuntbarsch-Arten ist *A. korneliae* schon seit geraumer Zeit in der Aquaristik bekannt und häufig gepflegt worden. Eingeführt wurde diese Art unter der Handelsbezeichnung *A.* »Blue Gold Chisumulu«. Erst 1987 erfolgte die wissenschaftliche Erstbeschreibung. Der einzige bekannte Fundort liegt bei der Insel Chisumulu im nordöstlichen Teil des Malawisees. Dort trifft man *A. korneliae* in Tiefen von 10–15 m über Sand-Fels-Grund an. Ebenfalls im gleichen Biotop konnte ich eine bislang unbeschriebene Art beobachten, die in diesem Buch unter der Bezeichnung *A.* »Black Top Chisumulu« vorgestellt wird.

Typisch für *A. korneliae* ist die vergleichsweise hohe Anzahl der Körperquerstreifen, von denen bis zu neun unter der Rückenflosse vorhanden sind.

Aquaristisch stellt uns *A. korneliae* vor keine Probleme. Gefressen wird jedes gängige Futter, wobei meine Exemplare eine Vorliebe für weiße und rote Mückenlarven zeigten. Bei regelmäßigem Teilwasserwechsel von wöchentlich 20–30 % des Beckeninhaltes erweist sich dieser Kaiserbuntbarsch als sehr lebhaft, sofern er nicht durch andere, aggressivere Arten zurückgedrängt wird. Wildfänge sind zwar nur rund 8–10 cm groß, doch können die Tiere bei reichhaltiger Ernährung und in entsprechend großen Aquarien Gesamtlängen von über 15 cm erreichen.

Aulonocara maylandi

TREWAVAS, 1984

Zwei geographische Unterarten sind von dieser Art bekannt geworden. 1984 wurde von der britischen Ichthyologin Ethelwynn Trewavas die bei Eccles Reef lebende Population mit der gelben Stirnblesse als *A. maylandi* beschrieben. Durch eine Arbeit von TAWIL und ALLGAYER wurde dann 1987 die bei der Insel Kande Island lebende Population, die eine weißblaue Stirnblesse aufweist, in den Rang der Unterart *Aulonocara maylandi kandeensis* erhoben. Daher muß der »alte« *A. maylandi* mit der gelben Stirnblesse nun als *A. maylandi maylandi* bezeichnet werden.

Aulonocara maylandi maylandi

TREWAVAS, 1984

Als Schwefelkopfbuntbarsch oder auch »*Haplochromis* Sulphur Head« wurde dieser hübsche Kaiserbuntbarsch zunächst unter Aquarianern bekannt. 1984 erfolgte dann durch TREWAVAS die wissenschaftliche Erstbeschreibung.

Die Belegexemplare stammten von einem Unterwasserriff im südöstlichen Teil des Sees. Dieses Riff wird Eccles Reef genannt und liegt ca. 3–4 km vor dem Küstenbereich zwischen Cape Ngombo und der Ortschaft Makanjila. Dort wurden die Tiere in Tiefen zwischen 7 und 15 m über Sand-Fels-Gemischtgrund gefangen. Anscheinend besitzt *A. maylandi maylandi* jedoch in dem genannten Küstenabschnitt ein größeres Verbreitungsgebiet. Ein weiterer Fundort ist das Luwala-Riff in der Nähe der Ortschaft Chitedze, wo die Tiere von 15 m bis in Tiefen von über 40 m nachgewiesen werden konnten. Auch der Untergrund bei dem Luwala-Riff besteht überwiegend aus Felsen, zwischen denen sich kleinere, sandige Bereiche befinden.

Im Aquarium hat sich *A. maylandi* als ein sehr friedfertiger Kaiserbuntbarsch erwiesen. Von einer Vergesellschaftung mit robusten Mbunas oder »*Haplochromis*«-Arten ist abzuraten. Der Bodengrund sollte – entsprechend dem natürlichen Biotop – nicht aus grobem Kies bestehen. Besser geeignet sind feiner Kies oder grober Sand, den die Tiere nach der Fütterung gern nach Futterresten durchsuchen. Trotz der gering ausgeprägten innerartlichen Aggressivität empfiehlt es sich, für unterlegene Tiere bzw. brutpflegende Weibchen Versteckmöglichkeiten in Form von Steinhöhlen oder ähnlichem zu schaffen. Wie alle *Aulonocara*-Arten ist auch der »Maylandi« Maulbrüter. Die Brutpflege wird vom Weibchen allein durchgeführt. Je nach Wassertemperatur wird die Brut nach 20–24 Tagen das erste Mal aus dem Maul des Weibchens entlassen. Abhängig von der Größe des Muttertieres schwankt die Anzahl der Jungtiere zwischen 20 und 30. Sie sind bei einer Größe von rund 1 cm bereits voll entwickelt und nehmen als Erstnahrung gern die frisch geschlüpften Nauplien des Salinenkrebschens, *Artemia salina*.

Aulonocara maylandi kandeensis

TAWIL & ALLGAYER, 1987

Kande Island ist eine sehr kleine, ca. 40 × 40 m große Felsinsel an der Nordwestküste des Malawisees. Die nächste größere Ortschaft ist Chintheche. Rund 1 km vor der Küste befindet sich Kande Island als isolierter, von einer kilometerweiten Sandfläche umgebener Felsbiotop. Der felsige Bereich der Insel fällt steil bis auf 10 m Tiefe ab; danach folgt reiner, ebener bzw. flach abfallender Sandgrund. Neben den *Aulonocara*-Arten *A.* »Kande Braun« und *A. steveni* lebt hier die Unterart *A.maylandi kandeensis*, die bislang nur im Felslitoral von Kande Island nachgewiesen werden konnte. In den Handel wurde dieser Kaiserbuntbarsch als *A.* »Blue Orchid Kande Island« eingeführt (TINS, 1985). Im Gegensatz zu *A. maylandi maylandi* besitzen die Männchen des »Kande-Maylandi« eine intensivere schwarze Körpergrundfärbung und keine gelbe, sondern eine bläulich-weiße Stirnblesse. Die Weibchen der beiden geographischen Unterarten kann man äußerlich nicht unterscheiden. Eine gemeinsame Pflege von *A. maylandi maylandi* und *A. maylandi kandeensis* in einem Aquarium ist deshalb auf jeden Fall zu vermeiden. Leider ist es in der Vergangenheit wiederholt vorgekommen, daß mit dem jeweils »falschen« Weibchen gezüchtet wurde. Da auch die in beiden Fällen einheitlich grau-braun gefärbten Weibchen die genetischen Anlagen für die entsprechende Männchenfärbung vererben, zeigen derartige Bastarde im männlichen Geschlecht eine farblich intermediäre, also gemischt gelblich-weiße Stirnblesse. Mit diesen Mischlingen sollte man nicht weiterzüchten. Im Gegenteil: Jeder verantwortungsbewußte Aquarianer sollte auf die Erhaltung der ursprünglichen Arten oder Farbrassen achten.

Bei der Pflege und Zucht gilt für *A.m. kandeensis* das gleiche wie für *A.m. maylandi*. Im natürlichen Lebensraum lebt die »Blaue Orchidee«, wie man die englische Handelsbezeichnung übersetzen müßte, zwischen den Spalten des Felslitorals der Insel. Erstaunlich ist die hohe Fischdichte. Jede verfügbare Höhle oder Felsnische ist als Revierzentrum von einem Männchen besetzt. Beim Tauchen an Kande Island leuchten einem schon von weitem die auffallenden Stirnblessen zahlreicher Männchen entgegen. Oftmals befinden sich die einzelnen Männchen in Abständen von einem knappen Meter dicht nebeneinander. Ein kleiner Felsunterschlupf oder auch nur ein Spalt zwischen zwei größeren Steinen dienen als Revierzentrum und Ablaichplatz. Die balzaktiven Männchen stehen meist etwas erhöht im Wasser in ihrem Revier und versuchen, die Weibchen, die in der Nähe vorbeischwimmen, anzubalzen und ins Revier zu locken. Auseinandersetzungen mit männlichen Reviernachbarn beschränken sich in der Regel auf Drohgebärden. Die Weibchen befinden sich im losen Gruppenverband meist zwischen den einzelnen Männchen-Revieren oder seltener über den in 10 m Tiefe angrenzenden Sandflächen. Der begrenzende Faktor im Hinblick auf die Populationsdichte scheint der eingeengte Lebensraum zu sein. Überzählige Männchen, also solche, die kein Revier besitzen, findet man zusammen mit den Weibchen. Die typische helle Stirnblesse sowie die schwarze Körperfärbung sind bei ihnen nur andeutungsweise ausgeprägt. Anscheinend stellen diese »überschüssigen« Tiere eine Reserve der Natur dar. Sobald ein revierbesitzendes Männchen durch Raubfische oder Krankheit ausfällt, wird das frei gewordene Revier sofort von einem bisher revierlosen Männchen übernommen. Es färbt sich dann innerhalb kürzester Zeit zu einem »vollwertigen« Männchen um.

Aulonocara microstoma

(Trewavas, 1935)

Aulonocara microstoma ist – wie verschiedene andere Arten dieser Gattung, die bereits frühzeitig beschrieben wurden – nur wissenschaftlich bekannt geworden. Für die Aquaristik

Aulonocara microstoma, Syntypus

ist dieser Kaiserbuntbarsch wohl noch nie exportiert worden. Die Erstbeschreibung von *A. microstoma* (= »mit kleinem Maul«) erfolgte nach insgesamt 20 Belegexemplaren bereits 1935 durch die britische Ichthyologin Trewavas, die diese Art damals als Typusart der Gattung *Trematocranus* vorstellte. In der Revision der Gattung *Aulonocara* wurden alle *Trematocranus*-Arten zur Gattung *Aulonocara* gestellt (Meyer et al., 1987).

In der Erstbeschreibung geht die Autorin wie folgt auf die Zeichnung von *A. microstoma* ein: »Ein dunkler Fleck auf dem Schulterbereich (nape; = Genick), ein weiterer auf der oberen Seitenlinie unterhalb des Hartstrahlenteils der Rückenflosse, ein dritter unterhalb des Weichstrahlenteils der Rückenflosse und ein vierter, nur schwach oder nicht ausgeprägter auf der Basis der Schwanzflosse.« Weiterhin bemerkt Trewavas, daß diese Art Ähnlichkeiten zu *»Haplochromis« placodon* aufweise (u.a. in der Färbung), dennoch aber deutlich enger mit *A. rostratum* verwandt sei.

Als Fundorte wurden im Süden des Sees Monkey Bay (ein Exemplar) und Vua und Karonga im Norden (restliche Exemplare) angegeben. Das kleinste der 20 untersuchten Tiere maß immerhin 14 cm, während andere bis zu 23 cm groß waren. Nach der Größe zu urteilen, ist es wahrscheinlich, daß *A. microstoma* zur Gruppe der Sand-*Aulonocara* gehört. Die Vertreter dieser ökologischen Gruppe innerhalb der Kaiserbuntbarsche leben bevorzugt in größeren Tiefen über reinem Sandgrund. Aquaristisch ist bisher noch kein Sand-*Aulonocara* bekannt geworden.

Aulonocara nyassae

REGAN, 1922

Aulonocara nyassae wurde als Typusart der Gattung *Aulonocara* bereits im Jahre 1922 beschrieben. Trotz zahlreicher anderslautender Berichte dürfte dieser Cichlide jedoch noch nie lebend exportiert worden sein. REGANS Erstbeschreibung lagen drei Exemplare von 8,1 bis 10,7 cm Standardlänge zugrunde. Die genaue Herkunft dieser Belegexemplare ist nicht bekannt. 1935 wurden weitere Exemplare dieser Art gefangen, von denen einige mit bis zu 18 cm Gesamtlänge jedoch wesentlich größer waren. Diese Tiere stammten aus der großen

Aulonocara nyassae, eines der drei von Wood gesammelten Exemplare, die der Erstbeschreibung dieser Art durch Regan 1922 zugrunde lagen; Syntypus

Sammlung von C. CHRISTY und waren bei Karonga, Vua und im südöstlichen Teil des Sees bei Shire Bar gefangen worden. Die britische Ichthyologin TREWAVAS, die die CHRISTY-Sammlung bearbeitet hat, erweiterte 1935 die Definition der Art *A. nyassae*, um diese neuen, größeren Tiere zu erfassen. Die Lebendfärbung von *A. nyassae* ist nicht bekannt. In der Erstbeschreibung von 1922 wird die Färbung der konservierten (!) Tiere wie folgt angegeben: »Silbrige Grundfärbung mit zehn dunklen Querstreifen und einem Kiemendeckelfleck. Rükkenflosse mit serienartig angeordneten, orange Flecken. Bauchflossen rötlich (Weibchen) oder schwarz (Männchen). Afterflosse der Männchen mit orange Eiflecken.«

Aulonocara nyassae ist in die ökologische Gruppe der sogenannten Sand-*Aulonocara* einzuordnen. Die Vertreter dieser Gruppe leben wahrscheinlich ausschließlich über sandigem Untergrund in größeren Tiefen unterhalb von 50 m. Genaueres zur Lebensweise bzw. Ökologie dieser Art ist nicht bekannt (TREWAVAS, 1984).

Anfang der siebziger Jahre wurde erstmalig eine *Aulonocara*-Art lebend nach Deutschland eingeführt, die allerdings zur Gruppe der Fels-*Aulonocara* gehörte. Sie wurde fälschlicherweise als *Aulonocara nyassae* in den Handel gebracht. Diese Tiere konnten relativ einfach nachgezüchtet werden und wurden deshalb unter dem falschen Namen *A. nyassae* als der »Standard-Kaiser« weit verbreitet. Noch heute werden die Nachkommen dieser Art z.T. so bezeichnet. TREWAVAS hat 1984 auf diesen Irrtum hingewiesen. Näheres zu diesem Kaiserbuntbarsch ist unter der Bezeichnung Rotschulter-*Aulonocara* auf Seite 81 nachzulesen.

Aulonocara rostratum, Syntypus

Aulonocara rostratum

TREWAVAS, 1935

Diese bereits im Jahre 1935 beschriebene *Aulonocara*-Art gehört wie auch *A. nyassae* in die ökologische Gruppe der sogenannten Sand-*Aulonocara* (TREWAVAS, 1984). Die Vertreter dieser Gruppe leben wahrscheinlich ausschließlich im tiefen Wasser unterhalb der 50 m-Grenze über sandigem Untergrund (vgl. S. 20 ff.). Näheres zur Lebensweise und Ökologie dieser »Tiefsee-Bewohner« ist nicht bekannt. Nach den Belegexemplaren, die seinerzeit von CHRISTY gesammelt und im Britischen Museum bearbeitet wurden, erreicht diese Art eine Gesamtlänge von mindestens 18 cm. Als Unterscheidungsmerkmal zu *A. nyassae* wurden die längere Schnauze von *A. rostratum* angegeben sowie Unterschiede in der Anzahl der Körper-Querstreifen und Schuppenanordnung auf der Wange. Während *A. nyassae* neun bis zehn Querstreifen unterhalb der Rückenflosse aufweist, sind es bei *A. rostratum* nur sechs bis

59 **59) Im Uferbereich der Insel**
60 **Likoma leben A. hueseri und A. »Greenface Metallic«. 60) Ostküste nördlich von Makanjila – hier werden A. hansbaenschi, A. saulosi und A. »Chitendi Type East Coast« gefangen.**

sieben. Diese Querstreifen sind hauptsächlich bei juvenilen Exemplaren deutlich ausgeprägt. Auf der Wange zeigt *A. rostratum* keine oder – in seltenen Fällen – nur eine einzelne, unvollständige Schuppenreihe. Demgegenüber weisen alle ausgewachsenen Tiere von *A. nyassae* mindestens eine bzw. seltener zwei Wangenschuppenreihen auf.

Die für wissenschaftliche Zwecke gesammelten Tiere wurden bei Monkey Bay, Vua und in der Nähe von Karonga im Norden des Sees gefangen.

Aquaristisch hat *A. rostratum* keine Bedeutung erlangt. Erfahrungsberichte über Pflege und Zucht liegen nicht vor. Bedingt durch die Lebensweise im tiefen Wasser, darf angenommen werden, daß dieser Kaiserbuntbarsch wohl auch in absehbarer Zeit nicht für den Export gefangen wird.

61
62 **61) Uferbereich nahe der Ortschaft Usisya – Fundort von A. »Usisya«. 62) Am Otter Point bei Cape Maclear befinden sich Unterwasser-Höhlen, die den Lebensraum von A. jacobfreibergi bilden.**

Aulonocara macrochir TREWAVAS, 1935 ist als ein Synonym von *A. rostratum* zu betrachten. Diese Art wurde nach einem Exemplar von TREWAVAS beschrieben, das ebenfalls aus der CHRISTY-Sammlung stammte. Als Unterschiede zwischen *A. macrochir* und *A. rostratum* wurden damals verhältnismäßig größere Augen und längere Brustflossen angegeben. Diese Unterschiede erscheinen TREWAVAS aus heutiger Sicht nicht mehr ausreichend, um zwei eigenständige Arten aufrechtzuerhalten (vgl. MEYER et al., 1987).

Aulonocara »Rot«

Unter der Bezeichnung *A.* »Rot« oder auch »Roter Kaiser« wird hin und wieder eine *Aulonocara*-Variante angeboten, bei der es sich nicht um eine natürlich vorkommende Population handelt. Sehr wahrscheinlich ist der Rote Kaiser eine künstliche Farbzüchtung, wenn nicht sogar eine Kreuzung.

Grundsätzlich gibt es zwei Möglichkeiten, derartige Kunstformen zu schaffen. Die eine besteht darin, eine Art zu züchten, unter den Nachkommen diejenigen Tiere auszuwählen, die die meisten Rotanteile in der Färbung aufweisen, und gezielt mit ihnen weiterzuzüchten. Über mehrere Generationen ist es mit einer derartigen Zuchtauswahl möglich, bestimmte Farbschläge herauszuzüchten. Bei der

Guppy-Hochzucht wird dieses Verfahren seit langem praktiziert. Die auf diese Weise geschaffenen Farbformen sind erbfest.

Die zweite Möglichkeit, »Farbformen« zu kreieren, besteht darin, ein spezielles Farbfutter zu verabreichen. Das ist natürlich wesentlich einfacher und zeitsparender, als eine methodische Zuchtauswahl über Generationen hinweg durchzuführen. Allerdings handelt es sich hierbei nur um eine zeitweilige »Einfärbung« der Tiere, die wieder verschwindet, wenn normale Kost gereicht wird. Denkbar wäre auch eine Kombination der genannten Möglichkeiten.

Bei diesen Überlegungen bin ich davon ausgegangen, daß als »Ausgangsmaterial« eine bestimmte Art, also genetisch einheitliche Tiere, verwendet wurden. Falls das der Fall ist und man von der Farbfuttermöglichkeit einmal absieht, ist es eine Geschmacksfrage, wie man zu diesen Zuchtformen steht. Geradezu unverantwortlich ist es jedoch, wenn zwei verschiedene Arten miteinander gekreuzt wurden, um so eine neue Farbkombination zu schaffen. Aufgrund der Vermischung der unterschiedlichen Erbanlagen kommt es bei den Nachzuchten derartiger Kreuzungen zur Aufspaltung in den Folgegenerationen (der biologisch interessierte Leser sei in diesem Zusammenhang auf die Mendelschen Regeln hingewiesen). Ein Teil der männlichen Nachkommen tendiert dann farblich zum Vatertier, ein anderer zur entsprechenden Männchenfärbung der Art des Muttertieres. Diese Aufspaltung in den Folgegenerationen (F_2- und weitere Generationen) ist die Regel; allerdings sind bei anderen Cichliden auch Kreuzungsprodukte bekannt, die nicht oder kaum zur Aufspaltung neigen. In derartigen Fällen zeigen alle Nachkommen ein intermediäres Farbkleid. Aus den bereits geschilderten Gründen ist eine Vermischung unterschiedlicher Arten streng zu vermeiden.

Betrachtet man den »Roten Kaiser«, so fällt es schwer, diese Tiere auf eine bekannte Art zurückzuführen. Nach den charakteristischen Farbmerkmalen der mir bekannten Tiere sind sowohl typische Merkmale des Rotschulter-*Aulonocara* (roter Brust- und Schulterbereich) als auch von *A. baenschi* enthalten (gelbliche Körperfärbung und Streifenmuster in der Schwanzflosse).

Ich selbst habe diesen »Roten Kaiser« nie gepflegt, da ich der Meinung bin, daß die Reinerhaltung der natürlich existierenden Arten und Farbformen in unseren Aquarien Schwierigkeiten genug bereitet und nicht noch durch zusätzliche Kunstprodukte weiter erschwert werden sollte. Nach Aussagen befreundeter Züchter verblaßt die Rotfärbung beim »Roten Kaiser« jedoch im Laufe der Zeit.

Aulonocara »Rotschulter«

Dieser *Aulonocara* wurde als erster Kaiserbuntbarsch Anfang der siebziger Jahre nach Deutschland eingeführt. Leider glaubte man damals, daß es sich um *A. nyassae* handeln würde. Da sich diese »Kaiser« relativ einfach pflegen und züchten ließen, wurden sie unter der falschen Bezeichnung *A. nyassae* als der »Standard-Kaiser« weit verbreitet. Auch heute noch werden die Nachzuchten der ehemaligen Wildfänge z.T. unter falschem Namen gehandelt. Allerdings fielen diesem Irrtum nicht nur Aquarianer, sondern verschiedentlich auch Ichthyologen zum Opfer. In der Erstbeschreibung von *A. maylandi* wies TREWAVAS 1984 erstmals auf diesen Sachverhalt hin.

Im englischen Sprachgebrauch wird der Name »Red shouldered Peacock« für unseren falschen »Nyassae« verwendet, so daß mir die sinngemäße Übersetzung Rotschulter-*Aulonocara* als deutsche Bezeichnung am zweckmäßigsten erscheint.

Gefangen wurde der Rotschulter-*Aulonocara* seinerzeit von T.E. Davies, dem ersten Exporteur von Malawisee-Cichliden. Als Fundort wurde die zu Mozambique gehörende Ostküste des Sees angegeben (STAECK, pers. Mitteilung). Z.Z. werden aus diesem Teil des Malawisees keine *Aulonocara* exportiert, so daß keine vergleichenden Untersuchungen durchgeführt werden können. Nach dem heutigen Kenntnisstand scheint der Rotschulter-*Aulonocara* eng mit den Arten *A.* »Cobue« und dem erst jüngst beschriebenen *A. hansbaenschi* verwandt zu sein. Letzterer stammt ebenfalls von der Ostküste des Sees; allerdings konnte er bislang nur am malawischen Teil der Ostküste im Bereich von Makanjila (vgl. S. 63), also weiter südlich, nachgewiesen werden. Ob es sich beim Rotschulter-*Aulonocara* tatsächlich um eine geographische Rasse von *A. hansbaenschi* handelt, kann z.Z. nicht geklärt werden.

Näheres zur Lebensweise dieser Art im natürlichen Lebensraum ist mir nicht bekannt. Doch dürfte es sich um einen Vertreter der ökologischen Gruppe der Fels-*Aulonocara* handeln, der mit einer Gesamtlänge von 10 bis 12 cm zu den größeren Arten dieser Gruppe zählt.

Aulonocara saulosi

MEYER, RIEHL & ZETZSCHE, 1987

Mit *Aulonocara saulosi* haben wir einen weiteren Kaiserbuntbarsch vor uns, der bislang nur an der zu Malawi gehörenden Ostküste des Sees im Bereich von Makanjila Point nachgewiesen werden konnte. Die für den Export bestimmten Tiere wurden zusammen mit den *Aulonocara*-Arten *A. hansbaenschi* und *A.* »Chitendi Type East Coast« nahe der Ortschaft N'tekete südlich des Masinje-Flusses gefangen. Bislang gelangte der »Saulosi« nur in geringen Stückzahlen nach Deutschland und ist dementsprechend selten in den Aquarien der Liebhaber anzutreffen. Der wissenschaftliche Artname ist ein Dedikationsname zu Ehren von Saulos Mwale, der als Cheftaucher und -fänger des Exporteurs S. Grant viele *Aulonocara*-Arten für die Aquaristik entdeckt hat. Die Größe der eingeführten Exemplare schwankt zwischen 8 und 11 cm. Weibchen sind einfarbig graubraun mit sieben bis acht dunklen Querstreifen und können leicht mit ähnlich gezeichneten Weibchen anderer *Aulonocara*-Arten verwechselt werden. Offensichtlich handelt es sich um eine sehr friedfertige Art. Den dunklen Blauton sowie das rußige Rot in der Brust und auf der Schulter der Männchen zeigen nur dominante Tiere; unterdrückte Exemplare sehen fast einheitlich braun aus. Sonst entspricht *A. saulosi* in Pflege und Zucht – soweit bekannt – weitgehend anderen Fels-*Aulonocara*.

Im natürlichen Lebensraum konnte ich Männchen von *A. saulosi* an dem oben genannten Fundort in Tiefen von 3–10 m vereinzelt beobachten. Der Untergrund war überwiegend sandig und mit z.T. kubikmetergroßen Felsbrocken durchsetzt. Anscheinend lebt auch dieser *Aulonocara* territorial, obwohl mir das Erkennen einer Abgrenzung gegenüber anderen Männchenrevieren aufgrund der geringen Populationsdichte nicht möglich war.

Aulonocara steveni*

MEYER, RIEHL & ZETZSCHE, 1987

Bei *A. steveni* handelt es sich um einen erst kürzlich bekannt gewordenen Kaiserbuntbarsch. Beschrieben wurde diese Art in der Revision der Gattung *Aulonocara* durch MEYER et al. (1987). Der Artname ist ein Widmungsname zu Ehren von Steven Longwe, einem leitenden Angestellten des Zierfisch-Exporteurs S. Grant.

Die Belegexemplare, die der Erstbeschreibung zugrunde lagen, stammten vom Kande Island, einer kleinen, ca. 40 × 40 m großen Felsinsel, die der Küste dicht vorgelagert und von einer kilometerweiten Sandfläche umgeben ist, so daß das Felslitoral von Kande einen gut isolierten Lebensraum darstellt.

Leider veröffentlichten die Autoren von dieser Art nur eine Schwarzweiß-

* Auffallend ist die weitgehende Übereinstimmung von *A. steveni* mit *A.* »Usisya«. Die zuletzt genannte Art wurde von MEYER et al. (1987) in ihrer Revision der Gattung *Aulonocara* als *A. baenschi* (Usisya) angesprochen. Es dürfte den verwandtschaftlichen Verhältnissen wohl wesentlich besser gerecht werden, *A.* »Usisya« als Population von *A. steveni* einzuordnen (vgl. hierzu auch S. 54).

Abbildung eines konservierten Exemplares, so daß zunächst unklar blieb, ob *A. steveni* bereits exportiert worden ist oder nicht. Meyer et al. beschrieben die Lebendfärbung ausgewachsener Männchen im wesentlichen wie folgt: »Körperfärbung graugelb mit sieben Querbinden unterhalb der Rückenflosse, Kopf blau. Rückenflosse blau mit einem schwarzen Band und weißen Spitzen, Weichstrahlteil mit gelber Musterung, Schwanzflosse mit gelber und blauer linienförmiger Musterung. Afterflosse blau mit schwarzer Basis, Weichflossenteil der Afterflosse mit kleinen gelben Eiflecken. Bauchflossen gelb mit weißem Rand. Brustflossen gelblich.«

Da es sich bei Kande Island um eine sehr kleine Insel handelt, deren Felslitoral nur bis auf eine Tiefe von rund 10 m abfällt, ist es verhältnismäßig einfach, einen Überblick über die dort lebenden *Aulonocara*-Arten zu erhalten. Nach eigenen Beobachtungen leben bei Kande Island drei verschiedene Kaiserbuntbarsche: *A. maylandi kandeensis, A. steveni* und *A.* »Kande Braun«. Die o.a. Farbbeschreibung trifft exakt auf den in Abbildung Seite 58 gezeigten Kaiserbuntbarsch zu. Dieses Unterwasserfoto wurde im Felslitoral von Kande Island in 8 m Tiefe aufgenommen, so daß wohl kein Zweifel an der korrekten Identifizierung von *A. steveni* besteht.

Wie auch *A. maylandi kandeensis* und *A.* »Kande Braun« lebt *A. steveni* im Sand-Fels-Übergangsbereich. Das Felslitoral von Kande Island besteht überwiegend aus großen Felsbrokken; in 10 m Tiefe ist der Sockel der Insel erreicht, und der Felsbiotop verläuft langsam in dem nun ebenen bzw. zur Seeseite hin flach abfallenden Sandgrund. In dieser Übergangszone sind die o.a. *Aulonocara*-Arten überwiegend anzutreffen. Gegenüber *A. maylandi kandeensis* und *A.* »Kande Braun« ist *A. steveni* nur in vergleichsweise geringen Mengen vertreten. Männchen von *A. steveni* leben territorial in der Nähe von größeren Steinen oder Felsüberhängen, während sich die Weibchen in kleinen Gruppen aufhalten.

Nach den z.Z. verfügbaren Informationen dürfte *A. steveni* bislang noch nicht importiert worden sein.

Aulonocara stuartgranti
Meyer & Riehl, 1985

Hinter dieser Art verbergen sich zwei *Aulonocara*-Populationen, die sich auch ohne Kenntnis des Fangortes meist relativ gut unterscheiden lassen. Als *A.* »Blue Regal« oder auch *A.* »Mbenji« wurden Exemplare der Population in den Handel gebracht, die bei der Mbenji-Inselgruppe im Südwesten des Malawisees beheimatet ist. Dort leben die meisten Exemplare in Tiefen von 10–20 m über mit Steinen und kleineren Felsen durchsetztem Sandgrund. Männchen sind in der Regel standorttreu und territorial. Allerdings werden die Reviere nicht sehr effektiv gegen andere Cichliden, wie Mbunas oder *»Haplochromis«*-Arten, verteidigt. Die Weibchen halten sich oft in kleinen Gruppen über Sandgrund zwischen den Felsen und Revieren der Männchen auf.

Die zweite Population dieser Art lebt in der Nähe der Ortschaft Chilumba am Nordwestufer des Malawisees ebenfalls über Sand-Fels-Gemischtgrund. Nach S. Mwale, der im Auftrage des Exporteurs S. Grant den Fang der meisten Cichliden leitet, wird *A. stuartgranti* verhältnismäßig häufig um Chilumba angetroffen. Die nördliche Grenze bildet anscheinend die Insel Chitendi Island, während das Verbreitungsgebiet nach Süden im Bereich von Chilumba bis zur Ortschaft Mwandoni reicht. Der bevorzugte Tiefenbereich liegt zwischen 10 und 15 m.

Männchen und Weibchen der verschiedenen Populationen lassen sich in erster Linie am Streifenmuster unterscheiden. Tendenziell zeigt die Mbenji-Population ein unregelmäßigeres Querstreifenmuster, bei dem, besonders häufig bei Weibchen, die Streifen in der Körpermitte flächig zusammenlaufen können, so daß der Eindruck unregelmäßiger Flecke entsteht. Z.T. treten auch Exemplare mit gleichmäßig angeordneten Binden auf, die dann jedoch breiter sind als bei *A. stuartgranti* (Chilumba). Dieser Kaiserbuntbarsch weist überwiegend mehr und dafür schmalere Streifen auf. Als weiteres Unterscheidungsmerkmal kann auch die bei der Mbenji-Population vorhandene schwärzliche Submarginalbinde dienen, die sich direkt unterhalb des Flossensaumes der unpaarigen Flossen befindet. Die Anzahl der Querbinden ist nur bedingt als Unterscheidungsmerkmal verwendbar, da es in einigen Fällen zu fließenden Übergängen kommt. Diese Farbunterschiede (vgl. auch die Abbildungen) und die weiträumige geographische Isolierung lassen vermuten, daß es sich bei den beiden Populationen um deutlich unterscheidbare Kaiserbuntbarsche handelt, auch wenn sie nach Meyer et al. (1987) als eine Art betrachtet werden. Meines Erachtens wäre es sinnvoll, die beiden Populationen von Mbenji bzw. Chilumba zumindest in den Rang von Unterarten zu erheben.

Die Gesamtlänge frisch importierter Tiere liegt bei 8–11 cm. Falls eine kleine Gruppe aus einem Männchen und mehreren Weibchen gepflegt wird, sollte man beachten, daß auch die Weibchen untereinander aggressiv sind. Trotz der im See zu beobachtenden Gruppenbildung sollte das Aquarium mit ausreichenden Versteckmöglichkeiten für unterlegene Tiere eingerichtet werden.

Aulonocara »Nkhata Bay« und Aulonocara »Lions Cove«

Bei Nkhata Bay und weiter nördlich, auch bei Lions Cove, wurden *Aulonocara*-Populationen nachgewiesen, die hinsichtlich Färbung und Körperform stark an *A. stuartgranti* erinnern. Die Exemplare der in der Umgebung von Nkhata Bay lebenden Population zeichnen sich durch eine gelblichblaue Körpergrundfärbung aus, während sie sonst in ihrem gesamten Habitus weitgehend *A. stuartgranti* (Mbenji) entsprechen. Exemplare der bei Lions Cove lebenden Population hingegen weisen eine hohe Ähnlichkeit zu *A. stuartgranti* (Chilumba) auf. Eingehendere Untersuchungen sind erforderlich, um zu klären, ob die beiden genannten Populationen jeweils identisch sind mit den Standortvarianten von *A. stuartgranti* von Mbenji bzw. Chilumba. Solange diese Untersuchungen noch ausstehen, dürfte es am sinnvollsten sein, diese Exemplare nach ihren Fundorten als *A.* »Nkhata Bay« und *A.* »Lions Cove« zu bezeichnen.

Tiere der Nkhata-Bay-Population sind früher bereits unter dem Namen *A.* »Nkhata Bay« in geringen Stückzahlen eingeführt worden. Sehr wahrscheinlich hat Fryer seine ökologischen Arbeiten (Fryer, 1959) an dieser Population durchgeführt, die damals fälschlich als *A. nyassae* identifiziert worden ist (Trewavas, 1984). Z.Z. werden keine Exemplare der Nkhata-Bay-Population in den Handel gebracht.

Aulonocara trematocephala

(Boulenger, 1901)

Beschrieben wurde *Aulonocara trematocephala* bereits im Jahre 1901 von Boulenger, der die Art jedoch in die Gattung *Tilapia* einordnete. Als Fundort wurde der Tanganjikasee angegeben. Poll, der wegen seiner grundlegenden systematischen Arbeiten an Tanganjikasee-Cichliden auch den Aquarianern bekannt ist, untersuchte im Rahmen der Erstbeschreibung von *Trematochromis schreyenae*, einem neuen Cichliden aus dem Tanganjikasee, auch das einzige Typusexemplar von *Tilapia trematocephala*. Er stellte fest, daß dieses Tier nicht wie angegeben im Tanganjikasee gefangen worden ist, sondern daß es hier wohl eine Verwechselung des Fundortes gegeben haben

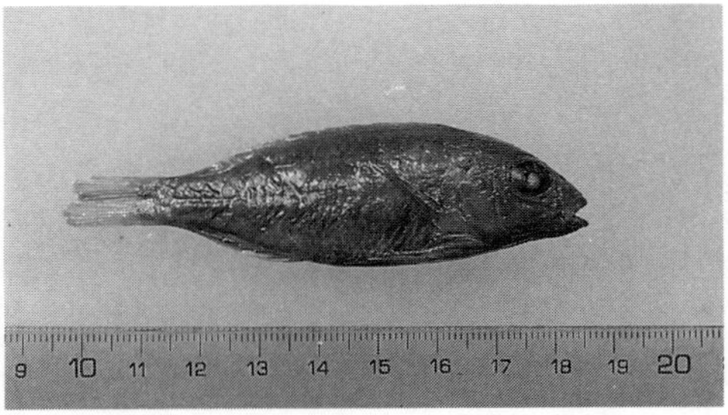

Aulonocara trematocephala, das einzige Exemplar, das von dieser Art bekannt ist.

muß: Die Art sei, so Poll, im Malawisee gefangen worden! Aufgrund morphologischer Merkmale schlug er deshalb vor, die Art zur Gattung *Trematocranus* zu stellen (Poll, 1987). Diese Gattung wurde jedoch von Meyer et al. (1987) eingezogen, so daß es nun korrekt *Aulonocara trematocephala* heißen muß.

Aquaristisch ist *A. trematocephala* nicht bekannt geworden. Das Typusexemplar hat eine Standardlänge von 6,5 cm. Sofern es sich nicht um ein junges Exemplar handelt, könnte man aufgrund der geringen Körpergröße des Typus annehmen, daß *A. trematocephala* zur Gruppe der Fels-*Aulonocara* zählt. Dagegen spricht allerdings der gesamte Habitus, der kaum dem der bekannten Fels-*Aulonocara* ähnelt. Zur Ökologie bzw. Lebensweise dieser Art ist nichts bekannt.

Aulonocara »Walteri«

Diese bislang wissenschaftlich unbeschriebene Art ist bereits seit längerer Zeit bekannt. Aquaristisch hat sie sich jedoch leider kaum durchsetzen können, obwohl es sich um eine sehr attraktive Cichlidenart handelt. Dies dürfte hauptsächlich daran liegen, daß *A.* »Walteri« nur in geringen Stückzahlen nach Deutschland gelangt ist. Die bislang exportierten Tiere wurden bei der Insel Likoma gefangen und unter der Bezeichnung *Trematocranus* »Walteri« in den Handel gebracht. Offensichtlich handelt es sich um eine sehr seltene Art.

Körperform und Färbung lassen erkennen, daß *A.* »Walteri« mit keiner anderen *Aulonocara*-Art so eng verwandt ist wie mit *A. jacobfreibergi*. Im Gegensatz zu *A. jacobfreibergi* und seinen Farbvarianten lebt der »Walteri« jedoch nicht in großen Höhlen bzw. höhlenartigen Unterständen. *Aulonocara* »Walteri« besiedelt die Sand-Fels-Übergangszone, wobei sich die Tiere nach eigenen Beobachtungen über Sandgrund zwischen den Felsen bzw. Steinen aufhalten. Die bevorzugte Wassertiefe liegt zwischen 3 und 5 m; seltener trifft man die Art in 10 m Tiefe an.

63 64 63) Die Sand-Fels-Übergangszone – typischer Lebensraum für Kaiserbuntbarsche. 64) Der Uferbereich der kleinen Insel Kande wird von drei Aulonocara-Arten besiedelt: A. steveni, A. maylandi kandeensis und A. »Kande Braun«.

Ablaichverhalten (dargestellt an Aulonocara »Glanzpunkt«)

65 66 **65) Nachdem das ♂ das laichreife**
67 68 **♀ durch sogenanntes Führungs-**
69 70 **schwimmen dazu bewegt hat, ihm**
71 **zum ausgewählten Laichplatz zu folgen, präsentiert das ♂ dem Weibchen die gespreizte Afterflosse. Die Afterflosse berührt dabei den Untergrund, während der zurückgebogene Körper des ♂ leicht aufwärts gerichtet ist. 66) Geht das ♀ auf das Werben ein, schwimmt es senkrecht auf die Afterflosse des ♂ zu und die Laichpartner bilden die erste T-Stellung. 67) Es folgt darauf die erste Drehung, wobei das ♂ seine Position aufgibt und die Tiere einen kurzen Moment parallel schwimmen. 68) Das ♂ begibt sich jetzt in eine Position etwa senkrecht zum ♀ und orientiert sich ebenfalls zur Afterflosse bzw. zur Genitalöffnung des ♀. In dieser zweiten T-Stellung erfolgt die Eiabgabe des ♀. 69) Das ♀ dreht sich danach sofort um und nimmt die abgelegten Eier ins Maul auf, während das ♂ sich in die Position des ♀ begibt ... 70) ... so daß wieder die erste T-Stellung entsteht, bei der sich das ♀ senkrecht zur Afterflosse des ♂ befindet. Die gelben Flecke auf der Afterflosse haben Eiattrappen-Funktion, denn das ♀ versucht nun, auch diese vermeintlichen Eier aufzunehmen. Die Abgabe der Spermien erfolgt in dieser Phase des Ablaichens, so daß das ♀ beim Schnappen nach den Eiflecken die Spermien aufnimmt und die zuvor aufgenommenen Eier im Maul befruchtet werden (Wickler'sche Eiattrappen-Theorie). Es folgt danach wieder kurzes Parallelschwimmen und eine neue »Runde« beginnt. 71) Frontal-Drohen zwischen A. »Walteri« (links) und A. jacobfreibergi (rechts).**

Aulonocara »Walteri« unterscheidet sich von *A. jacobfreibergi* durch die wesentlich stärker ausgeprägte dunkelblaue Körperfärbung, die bis in die unpaarigen Flossen hineinreicht. Weiterhin besitzt *A.* »Walteri« einen hochrückigeren Körper. In Balzstimmung färben sich Männchen wesentlich dunkler, nahezu schwarz, so daß mit den weißen Flossensäumen eine sehr kontrastreiche Zeichnung entsteht.

Sowohl *A.* »Walteri« als auch *A. jacobfreibergi* entwickeln unter Aquarienbedingungen häufig prächtig ausgezogene Rücken-, Schwanz- und Afterflossen, wie das von anderen *Aulonocara*-Arten nicht bekannt ist. Unter natürlichen Bedingungen aufgewachsene Exemplare zeigen hingegen keine verlängerten Flossen; vermutlich werden diese Verlängerungen immer wieder von Flossenräubern, wie z.B. *Genyochromis mento,* abgebissen.

Im Aquarium haben sich Wildfänge von *A.* »Walteri« als eher scheue Vertreter ihrer Gattung erwiesen, die man behutsam eingewöhnen sollte. Besonders ist darauf zu achten, keine aggressiven Cichliden, wie Mbunas oder robuste *»Haplochromis«*-Arten, im gleichen Aquarium zu pflegen. Eingewöhnte Exemplare sind dagegen problemlose Pfleglinge, die einen gesunden Appetit entwickeln. Die Nahrung darf deshalb nicht zu ballastarm sein. Schieres Fischfleisch oder auch Rinderherz sollten nie ausschließlich, sondern, wenn überhaupt, nur in kleinen Mengen gereicht werden, um Erkrankungen des Verdauungstraktes vorzubeugen. Entsprechend der Lebensweise sollte der Untergrund im Aquarium aus feinem Kies oder grobem Sand bestehen. Ein Pärchen oder ein Männchen mit zwei bis drei Weibchen dieser meist um 8–9 cm großen Kaiserbuntbarsche können bereits in Becken ab einer Kantenlänge von 1 m erfolgreich gepflegt und gezüchtet werden. Bei guter Ernährung in entsprechend großen Aquarien kann *A.* »Walteri« jedoch auf 14–15 cm Gesamtlänge heranwachsen.

Weitere Aulonocara-Arten

Neben den vorstehend einzeln aufgeführten Kaiserbuntbarschen sind weitere *Aulonocara*-Arten bekannt geworden, die aquaristisch jedoch bislang weitgehend bedeutungslos geblieben sind. Im Rahmen wissenschaftlicher Untersuchungen am Malawisee berichteten Ribbink und Mitarbeiter (1983) über eine *Aulonocara*-Art, die sie mit dem vorläufigen Arbeitsnamen *A.* »Blue Collar« (= »blauer Kragen«) bezeichneten. Diese Art wurde im Süden des Sees bei Monkey Bay, Nankumba, Domwe Island und Thumbi West Island sowie bei Likoma Island und Nkhata Bay nachgewiesen. Den Lebensraum von *A.* »Blue Collar« bildet die Sand-Fels-Übergangszone. Hinsichtlich der Tiefe scheint *A.* »Blue Collar« sehr anpassungsfähig zu sein. Vom Flachwasserbereich bis in Tiefen von 40 m wurde dieser Kaiserbuntbarsch nachgewiesen. Die Körperfärbung ist dunkelblau mit acht bis neun dunklen Querstreifen, wobei der Kopf noch dunkler erscheint. Die Rückenflosse ist schwarz und trägt einen breiten weißen Saum, Schwanz- und Bauchflossen sind ebenfalls schwarz. Die Bauchflossen zeigen einen weißen Rand. Auffallend sind die zahlreichen großen Eiflecke auf der dunkelblauen Afterflosse. Über Schulter und Brust zeichnet sich ein gelbbraunes Band ab. Somit ähnelt *A.* »Blue Collar« sehr stark der als *A.* »Chitendi Type East Coast« im Handel vertretenen Art, die jedoch an der zu Malawi gehörenden Ostküste des Sees im Bereich von Makanjila Point gefunden wurde. Nach Ribbink et al. bauen die Männchen von *A.* »Blue Collar«, »türmchenförmige« Nester zum Ablaichen. Staeck (1988), der diese Art bei Nkhudzi Point fand, beobachtete dagegen, daß balzaktive Männchen eine Höhle als Revierzentrum verteidigten.

Leider wird der Kaiserbuntbarsch, der von Ribbink et al. als *A.* »Blue Collar« bezeichnet wurde, von Lewis und Mitarbeitern verwirrenderweise *A.* »Yellow Collar« genannt (Lewis et al., 1986). Mit *A.* »Yellow Collar« bezeichneten Ribbink et al. jedoch bereits in ihrer 1983 erschienenen Publikation eine andere Art. Diese Art wiederum wird von Lewis et al. als unbeschriebene *Lethrinops*-Art angesehen (Lewis et al., 1986, S. 14 und 67). Ribbink und Mitarbeiter begründeten die Zuordnung dieser Art zur Gattung *Aulonocara* mit den vorhandenen für *Aulonocara* typischen Gruben im Kopfbereich.

Weitere Untersuchungen müssen durchgeführt werden, bis eine gesicherte Zuordnung zur Gattung *Aulonocara* oder *Lethrinops* erfolgen kann. Da Ribbink et al. ihre Zuordnung begründen, sei hier der Namensgebung dieser Autoren gefolgt.

Das Verbreitungsgebiet von *A.* »Yellow Collar« liegt nach dem derzeitigen Kenntnisstand im Süden des Sees und bei der Insel Likoma. Für den Süden sind die Fundorte Monkey Bay, Nankumba, Domwe Island, Otter Point und Thumbi West Island belegt (Ribbink et al., 1983, Lewis et al., 1986).

Während verschiedener Tauchgänge bei Likoma konnte ich *A.* »Yellow Collar« dort an zwei Stellen beobachten. Der erste Fundort befand sich bei Mbungu südlich von Ndomo Point in 12–15 m Tiefe. Der Untergrund war überwiegend sandig und nur mit wenigen Felsbrocken durchsetzt. Offensichtlich balzaktive Männchen hatten kraterförmige Gruben von 30–40 cm Durchmesser ausgehoben und balzten Weibchen an, die in die Nähe des Reviers schwammen. Die Abstände der Männchen zueinander waren mit mehreren Metern relativ groß; andererseits befanden sich die Reviere anderer *»Haplochromis«* z. T. nur rund 1 m weit entfernt. Die Populationsdichte dieser Art war hier relativ gering. Im Gegensatz dazu konnte ich eine regelrechte Kolonie im tiefen Wasser bei der Insel Mazimbwe beobachten. Diese Insel befindet sich ebenfalls bei Likoma und besteht im Prinzip aus einer nur wenige Quadratmeter großen Spitze eines Unterwasserberges. Der Untergrund bei Mazimbwe ist felsig und fällt steil, nahezu senkrecht, bis auf rund 50 m Tiefe ab. Danach folgt ein flach abfallender Sandgrund. An dieser Grenze des Felslitorals befand sich über reinem Sandgrund eine sehr dichte Population der genannten Art. Männchen hatten in Abständen von z. T. nur einem halben Meter Gruben ausgehoben, die jedoch insgesamt wesentlich kleiner waren als bei Mbungu. Mitunter lagen die Ränder benachbarter Gruben nur unwesentlich auseinander. Über jeder Grube stand ein balzaktives Männchen, während sich Weibchen vereinzelt zwischen den Männchen-Revieren oder in großen, an die 100 Exemplare umfassenden Schwärmen etwas entfernt ebenfalls über Sandgrund aufhielten. Über den Grubenbau und die Schwarmbildung der Weibchen berichteten auch Ribbink et al. (1983), nach deren Beobachtungen die höchste Populationsdichte zwischen 10 und 20 m

Tiefe lag. Demnach ist die Art hinsichtlich der Wassertiefe sehr anpassungsfähig.

Anzumerken bleibt, daß die ausgeprägte Neigung zum Grubenbau für einen Kaiserbuntbarsch ungewöhnlich, für die Vertreter der Gattung *Lethrinops* dagegen typisch ist.

Nach Aussagen von Stuart Grant, der diese Art verschiedentlich für den Zierfisch-Export gefangen hat, handelt es sich um einen sehr empfindlichen Cichliden, der äußerst behutsam behandelt werden muß. Im Aquarium dürfte er auf Dauer wohl nur im großen Artaquarium mit einer dicken Sandschicht erfolgreich zu halten sein. Über eine gelungene Zucht ist bislang jedoch nichts bekannt geworden.

LEWIS und seine Mitarbeiter fanden in der Umgebung von Cape Maclear noch eine weitere *Aulonocara*-Art, die sie mit dem vorläufigen Namen *A.* »Blue« belegten. Aus der Abbildung von LEWIS et al. (1986, S. 70), die vermutlich ein frischtotes Exemplar zeigt, ist ersichtlich, daß *A.* »Blue« farblich sehr RIBBINKS *A.* »Blue Collar« (= *A.* »Yellow Collar« nach LEWIS) ähnelt. Insgesamt wirkt *A.* »Blue« jedoch noch dunkler und besitzt nur eine schwach gelb gefärbte Zone hinter den Kiemendeckeln und über der Schulter. Weiterhin scheint *A.* »Blue« keine so stark ausgeprägten Eiflecke auf der Afterflosse zu besitzen wie *A.* »Blue Collar«.

Erst in jüngster Zeit wurde eine *Aulonocara*-Art nach Deutschland eingeführt, die nach Auskunft des Importeurs bei der Insel Chitendi an der Nordwestküste des Sees gefangen wurde. Es handelt sich um einen vergleichsweise hell gefärbten Kaiserbuntbarsch mit blau schimmerndem Kopf- und Wangenbereich. Auffallend ist die mit großen gelben Eiflecken besetzte Afterflosse. Bei balzaktiven Männchen treten die Querstreifen dunkel hervor, und die Flanken tragen zahlreiche blaue Glanzpunkte. Die Rückenflosse ist weiß gesäumt mit gelben Spitzen. Weibchen erscheinen einfarbig silbrig und zeigen je nach Stimmung sieben oder acht dunkle Querstreifen. Insgesamt erinnert die Art hinsichtlich des Zeichnungsmusters und der Ausprägung der Eiflecke auf der Afterflosse an *A.* »Chitendi Type East Coast«, ist jedoch wesentlich heller. Als vorläufiger Name sei hier Glanzpunkt-*Aulonocara* vorgeschlagen.

Im Aquarium konnte der Glanzpunkt-*Aulonocara* bereits nachgezüchtet werden. Das Ablaichverhalten und die Pflege entsprechen weitgehend anderen Kaiserbuntbarschen. Näheres zur Ökologie und Lebensweise im Malawisee ist nicht bekannt.

Die Arten der Gattung Alticorpus

Die Gattung *Alticorpus* wurde 1988 von STAUFFER und MCKAYE neu beschrieben. Sie enthält im Malawisee endemisch lebende Cichlidenarten, die wie hochrückige Kaiserbuntbarsche aussehen. Der lateinische Gattungsname bedeutet soviel wie »hoher Körper«. Gattungstypische Eigenschaften sind eine Reihe von Merkmalen, die nach Ansicht der Autoren in dieser Kombination bei keiner anderen Cichlidengattung vorhanden sind (STAUFFER & MCKAYE, 1988). Dazu gehört als typisches Merkmal eine endständige Vorwölbung unterhalb des Unterkiefers. Neben den vergrößerten Öffnungen des Seitenliniensystems im Bereich des Vorkiemendeckels weisen die Vertreter dieser Gattung sechs bis acht schwarze vertikale Körperstreifen auf. Auf der Wange befinden sich zwei bis vier Schuppenreihen. Im Rahmen der Gattungsbeschreibung wurden drei bislang unbekannte Cichliden als *Alticorpus*-Arten beschrieben. Weiterhin wurden *Cyrtocara macrocleithrum* STAUFFER & MCKAYE, 1985 und *Trematocranus peterdaviesi* BURGESS & AXELROD, 1973 der neuen Gattung zugeordnet. Diese beiden Arten waren zwischenzeitlich von MEYER et al. (1987) zur Gattung *Aulonocara* bzw. *Lethrinops* gestellt worden. STAUFFER und MCKAYE gingen in ihrer Arbeit nicht auf diese Umstellungen durch MEYER et al. ein; wahrscheinlich befand sich die Publikation von STAUFFER und MCKAYE jedoch bereits im Druck, als die Revision von MEYER et al. veröffentlicht wurde.

Alle fünf *Alticorpus*-Arten wurden mit Schleppnetzen in Tiefen von 75 bis 159 m gefangen. Die Standardlängen (d.h. ohne Schwanzflosse) lagen zwischen 10 und 19 cm. Hinsichtlich der Lebensweise im tiefen Wasser verkörpern die Vertreter der Gattung *Alticorpus* offenbar einen ähnlichen ökologischen Typus wie die Sand-*Aulonocara* (vgl. TREWAVAS, 1984).

Aquaristisch wird die Gattung *Alticorpus* zumindest in naher Zukunft wohl keine Bedeutung erlangen. Mit den herkömmlichen Fangmethoden ist es nicht möglich, diese Tiefseebewohner lebend zur Wasseroberfläche zu bringen.

Alticorpus macrocleithrum
(Stauffer & McKaye, 1985)

1985 wurde diese Art als *Cyrtocara macrocleithrum* beschrieben. Stauffer & McKaye wiesen bereits damals auf die verwandtschaftliche Nähe zur Gattung *Trematocranus* hin. Dieselben Autoren stellten die Art dann 1988 in die von ihnen neu beschriebene Gattung *Alticorpus*.

Kennzeichnendes Merkmal von *A. macrocleithrum* ist eine Vorwölbung unterhalb des Kiemenbereichs. Hervorgerufen wird sie durch die ungewöhnliche Ausbildung des Cleithrums, einem Knochen des Schultergürtels (vgl. die Namensgebung). Über die Bedeutung dieser Ausbildung ist offensichtlich nichts bekannt. Nach den o.g. Autoren ist *A. macrocleithrum* im Bereich um Monkey Bay und bei Cape Maclear im südlichen Malawisee verbreitet. Allerdings wurden diese Tiere bislang nur in größeren Tiefen von über 70 m gefangen. Die Standardlänge der Belegexemplare lag zwischen 10 und 13 cm. Informationen über die Lebensweise liegen nicht vor. Magenuntersuchungen waren nicht möglich, da bei den gefangenen Exemplaren der Magen ausgetrieben war. Wenn Cichliden aus großer Tiefe mit dem Netz zur Oberfläche gebracht werden, kommt es unter dem abfallenden Außendruck zu einer Aufblähung der Schwimmblase, so daß unter Umständen verschiedene Organe aus der Afteröffnung herausgepreßt werden. Allerdings wird aufgrund der Bezahnung und der geringen Anzahl der Kiemenbögen angenommen, daß sich *A. macrocleithrum* überwiegend von bodenbewohnenden Wirbellosen und eventuell von kleinen Fischen ernährt.

Frischtote Exemplare zeigen eine bräunliche Rückenfärbung, die nach unten heller wird, so daß die Bauchseite weißlich erscheint. Unter der Basis der Rückenflosse sind sechs bis sieben Querstreifen vorhanden. Je nach Lichteinfall erscheinen die Körperseiten silbrig mit einem leichten Blauschimmer. Die Brustflossen sind gelblich. Weiterhin geben die Autoren an, daß bei Männchen mehr pünktchenartige, dunkle Pigmente (Micromelanophoren) in der Afterflosse vorhanden sind als bei Weibchen.

Alticorpus mentale
Stauffer & McKaye, 1988

Alticorpus mentale stellt die Typusart der Gattung dar. Wie bei allen bislang bekannten *Alticorpus*-Arten handelt es sich auch bei *A. mentale* um einen Tiefseebewohner. Die Belegexemplare, die der Beschreibung zugrunde lagen, maßen zwischen 13 und 19 cm (Standardlänge) und wurden bei Monkey Bay mit Hilfe von Schleppnetzen in 75 m Tiefe gefangen. Nach Angaben von Stauffer & McKaye

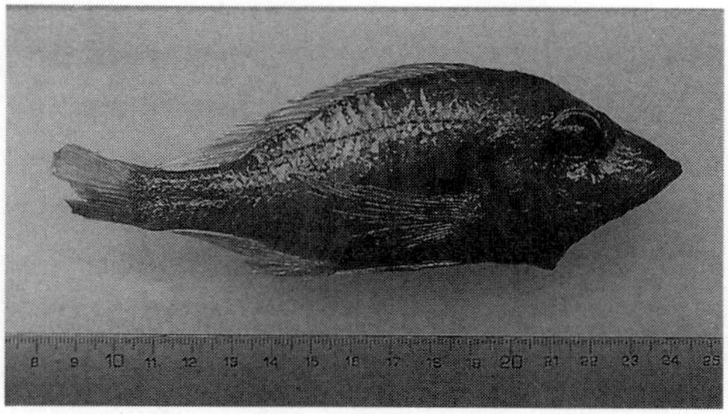

Alticorpus macrocleithrum, Paratypus.

Alticorpus pectinatum, Paratypus.

(1988) zeigen frisch gefangene Männchen eine schwärzliche Körperfärbung mit sechs schwarzen Querstreifen. Auf den Flanken sind blaue, gelbe und rosafarbene Glanzpunkte vorhanden. Der Kopf ist ebenfalls schwarz und trägt einen »fluoreszierenden« Blauschimmer. Auf der Afterflosse befinden sich zwei gelborange Flecken. Weibchen sind einfarbig silbrig mit schwarzen Querstreifen.

Zur Ökologie von *A. mentale* liegen bislang keine Erkenntnisse vor. Aufgrund der großen Tiefe, in der *A. mentale* lebt, ist es kaum möglich, diese Tiere mit den üblichen Fangmethoden

Alticorpus mentale, Paratypus.

lebend zur Wasseroberfläche zu bringen. Folglich dürfen *A. mentale* wie auch die anderen *Alticorpus*-Arten für die Aquaristik zumindest in naher Zukunft keine Bedeutung erlangen.

Alticorpus pectinatum

STAUFFER & MCKAYE, 1988

Auch *A. pectinatum* wurde mit dem Schleppnetz bei Monkey Bay in einer Tiefe von 75 m gefangen. Die Standardlänge der Belegexemplare wird mit rund 11–13 cm angegeben. An die Oberfläche gebrachte frisch tote Exemplare haben im männlichen Geschlecht silbrige Körperflanken mit gelben und rosafarbenen Glanzpunkten. Weiterhin sind sechs bis sieben Querstreifen erkennbar. Ähnlich wie bei *A. mentale* ist der Kopf mit blauen Glanzpunkten übersät. Die Rückenflosse ist gelb-braun und weist eine dünne schwarze Binde auf, während der Saum der Rückenflosse gelblich ist. Die Membranen zwischen den

Rückenflossenstrahlen sind mit orange Flecken besetzt. Auf der schiefergrauen Afterflosse befinden sich gelbe Flecke, die möglicherweise Eiflecke darstellen.

Alticorpus peterdaviesi

(Burgess & Axelrod, 1973)

1973 wurde diese Art nach zwei Belegexemplaren von Burgess und Axelrod als *Trematocranus peterdaviesi* beschrieben. Diese Tiere wurden bei Monkey Bay in rund 80 m Tiefe gefangen. 1988 erfolgte dann durch Stauffer und McKaye im Rahmen der Erstbeschreibung der Gattung *Alticorpus* eine Überarbeitung der beiden hinterlegten Exemplare. Als Ergebnis dieser Untersuchungen wurde die Art neu definiert und zur Gattung *Alticorpus* gestellt. Bei dem als Paratypus hinterlegten zweiten Exemplar gelangten Stauffer und McKaye zu der Ansicht, daß es sich aufgrund der abweichenden Kopfform um eine andere Art handelt (Stauffer & McKaye, 1988). Die Färbung des nun einzigen Belegexemplars wurde im konservierten Zustand wie folgt beschrieben: Auf den gelblich braunen Körperflanken befinden sich acht schwarze Querbinden. Die Rückenflosse ist durchsichtig mit einem schwarzen Submarginalband. Bauch- und Afterflossen weisen schwarze Membranen auf (Stauffer & McKaye, 1988).

Alticorpus profundicola, Paratypus.

Alticorpus profundicola

Stauffer & McKaye, 1988

Wie der Artname bereits andeutet (profundus = tief, incola = Bewohner), handelt es sich um einen Tiefseebewohner. Die Belegexemplare wurden vor der Ortschaft Nkhota Kota an der Westküste des Malawisees in einer Tiefe von 159 m gefangen. Die Standardlänge lag zwischen 10 und 12 cm. Leider wurde nicht die Färbung frisch gefangener, sondern nur die konservierter Exemplare angegeben. Danach zeigt *A. profundicola* sechs bis sieben dunkelbraune Querbinden auf gelblich braunem Untergrund. Der Kopf ist braun. Die Rükkenflosse weist eine hellbraune Grundfärbung mit einem schwarzen Submarginalstreifen auf, während die Spitzen der Rückenflosse weiß gezeichnet sind. Bauch- und Afterflossen sind schwarz. Somit scheint *A. profundicola* ähnlich gefärbt zu sein wie *A. peterdaviesi*. Allerdings ist zu bedenken, daß konservierte Fische Farbveränderungen unterliegen.

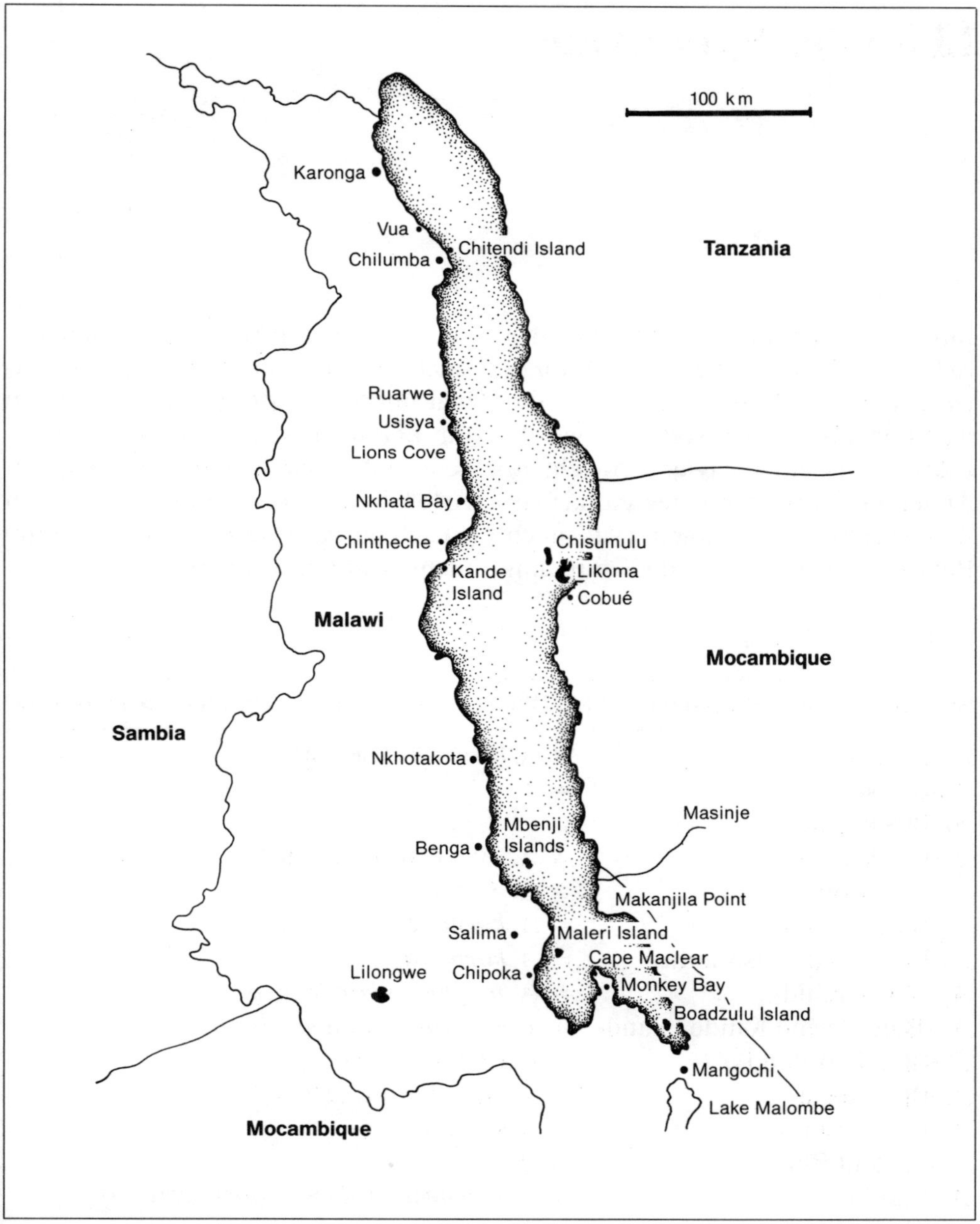

Übersichtskarte

Liste der Synonyme

Zur Übersicht und als Hilfe bei der richtigen Einordnung von *Aulonocara*-Arten und Formen wurde die nachfolgende Liste erstellt. Sie wurde größtenteils einschlägigen Anzeigen-Angeboten verschiedener Aquarien-Zeitschriften entnommen (vgl. auch Brubach, 1985). Bei den nur mit einem Fragezeichen versehenen Bezeichnungen handelt es sich vermutlich um Neuschöpfungen von Namen für bereits bekannte Kaiserbuntbarsche. Für welche Kaiserbuntbarsch-Arten bzw. Formen diese Namen im einzelnen verwendet wurden, konnte nicht ermittelt werden.

Synonyme (alphabetisch)	= Wissenschaftl. Name/Handelsbezeichnung
A. »Benga«	= *A. baenschi* (Benga)
A. »Black«	= ?
A. »Black Gold«	= ?
A. »Black Top«	= *A.* »Black Top Chisumulu« ?
A. »Blue Cobu«	= *A.* »Cobue«
A. »Blue Gold«	= *A. korneliae*
A. »Blue Gold Chisumulu«	= *A. korneliae*
A. »Blue Orchid«	= *A. maylandi kandeensis*
A. »Blue Orchid Kande Island«	= *A. maylandi kandeensis*
A. »Blue Red Band«	= *A.* »Rotschulter«
A. »Blue Regal«	= *A. stuartgranti* (Mbenji)
A. »Bright Blue«	= *A.* »Cobue«?
A. »Brillant Blue«	= *A.* »Cobue«
A. »Carolae«	= *A. jacobfreibergi* (Standortvariante)
A. »Chailosi«	= ?
A. »Chilumba«	= *A. stuartgranti* (Chilumba)

A. »Chipoka«	= *A. baenschi* (Chipoka)
A. »Chitendi«	= *A. ethelwynnae*
A. »Fort Maguire«	= *A.* »Chitendi Type East Coast«
A. »Gelb«	= *A. baenschi* (Fundort?)
A. »Gelbbauch«	= *A. hueseri*
A. »Gelbmaskenkaiser«	= ?
A. »Gloriae«	= ?
A. »Gold«	= *A. baenschi* (Fundort?)
A. »Gold Chipoka«	= *A. baenschi* (Chipoka)
A. »Green Metallic«	= *A.* »Greenface Metallic«
A. »Jaro«	= »*Haplochromis* Jaro« (?)
A. »Jola«	= ?
A. »Kande«	= *A. maylandi kandeensis*
A. »Kande Blue Orchid«	= *A. maylandi kandeensis*
A. »Khobwe«	= *A.* »Cobue«
A. »Korthausae«	= *A. ethelwynnae*
A. »Lemon Yellow«	= *A. baenschi* (Fundort?)
A. »Likoma«	= *A. hueseri* oder *A.* »Greenface Metallic«
A. macrochir	= *A. rostratum*
A. macrocleithrum	= *Alticorpus macrocleithrum*
A. »Makanjila«	= *A.* »Chitendi Type East Coast«
A. »Maleri«	= *A. baenschi* (Maleri)
A. »Masinje«	= *A.* »Chitendi Type East Coast«
A. »Mbenji«	= *A. stuartgranti* (Mbenji)
A. »Monkey Bay«	= ?
A. »New Blue Orchid«	= *A. maylandi kandeensis*
A. »New Yellow Regal Nkhomo«	= *A. baenschi* (Benga)
A. »Night«	= *A. hueseri*
A. »Night White Top«	= *A. hueseri*
A. »Nkhomo«	= *A. baenschi* (Benga)
A. »Northern«	= *A. ethelwynnae*
A. nyassae (Standard Blau)	= *A.* »Rotschulter«
A. »Orange«	= *A. baenschi* (Fundort?)
A. »Orchid White Head«	= *A. maylandi kandeensis*
A. »Peacock«	= ?
A. »Peacock, Blau/Gelb«	= *A. baenschi* (Fundort?)
A. »Ramondi«	= ?
A. »Red Band«	= *A.* »Rotschulter«

A. »Red Fin«	= ?
A. »Red Fin Monkey Bay«	= ?
A. »Red Flash«	= *A. hansbaenschi*
A. »Red Flush«	= *A. hansbaenschi*
A. »Red Orange«	= *A. baenschi* (Fundort?)
A. »Reginae«	= A. jacobfreibergi (Standortvariante)
A. »Sani«	= ?
A. »Simonae«	= *A. jacobfreibergi (Standortvariante?)*
A. »Special Likoma«	= *A.* »Greenface Metallic«
A. »Sulphur Head«	= *A. maylandi maylandi*
A. »Sunshine«	= *A. baenschi* (Fundort?)
A. »Türkiskopf«	= *A. baenschi* (Fundort?)
A. »White Top«	= *A. hueseri*
A. »White Top Likoma«	= *A. hueseri*
A. »Yellow«	= *A. baenschi* (Fundort?)
A. »Yellow Benga«	= *A. baenschi* (Benga)
A. »Yellow Head«	= *A. maylandi maylandi*
A. »Yellow Regal«	= *A. baenschi* (Fundort?)
A. »Yellow Regal Chipoka«	= *A. baenschi* (Chipoka)
A. »Yellow Side«	= ?
Cyrtocara macrocleithrum	= *Alticorpus macrocleithrum*
Lethrinops peterdaviesi	= *Alticorpus peterdaviesi*
Tilapia trematocephala	= *Aulonocara trematocephala*
Trematocranus auditor	= *A. auditor*
Trematocranus brevirostris	= *A. brevirostre*
Trematocranus »Carolae«	= *A. jacobfreibergi* (Standortvariante)
Trematocranus jacobfreibergi	= *A. jacobfreibergi*
Trematocranus microstoma	= *A. microstoma*
Trematocranus peterdaviesi	= *Alticorpus peterdaviesi*
Trematocranus »Reginae«	= *A. jacobfreibergi* (Standortvariante)
Trematocranus »Simonae«	= *A. jacobfreibergi* (Standortvariante?)
Trematocranus »Walteri«	= *A.* »Walteri«

Literatur

BOULENGER, G.A. (1901): Diagnoses of new fishes discovered by Mr. J.E.S. MOORE in Lake Tanganjika and Kivu. Ann. Mag. nat. Hist. (7) *7*: 1–6.

BRUBACH, H. (1985): Aulonocara in Poesie und Prosa. DCG-Info 16: 6–10.

BURGESS, W., & H.R. AXELROD (1973): New cichlids from Lake Malawi. Trop. Fish Hob. 22 (2): 14–89.

FRYER, G. (1959): The Trophic Interrelationship and Ecology of some Litoral Communities of Lake Nyasa with especial Reference to the Fishes, and a Discussion of the Evolution of a Group of Rock-Frequenting Cichlidae. Proc. zool. Soc. Lond. *132*: 153– 281.

FRYER, G., & T.D. ILES (1972): The cichlid fishes of the great lakes of Africa. Their biology and evolution. Oliver & Boyd, Edinburgh.

GRANT, S.M., H.W. DIECKHOFF, H.J. MAYLAND & M.K. MEYER (1987): Ecology of *Aulonocara* REGAN, 1922 in Lake Malawi. In: W. KLAUSEWITZ (Hrsg.): Contributions to the Knowledge of the Cichlid Fishes of the Genus *Aulonocara* of Lake Malawi (East Africa). Cour. Forsch.-Inst. Senckenberg, *94*: 131–139. Senckenbergische Naturforschende Ges., Frankfurt a.M.

JOCHER, W. (1970): Futter für Vivarientiere. 2. Aufl., Kosmos, Stuttgart.

JOHNSON, D.S. (1974): New cichlids from Lake Malawi.
Today's Aquarist 1: 12–15.

KONINGS, A. (1988): Aulonocara, supplement 3. Nederl. Verenig. Cichl. Liefh. Period. 14 (2): 23–30.

KORTHAUS, E. (1982): Auf Tauchstation im nördlichen Teil des Malawisees. Das Aquarium 155: 226–233.

LEWIS, D., P. REINTHAL & J. TRENDALL (1986): A guide to the fishes of Lake Malawi National Park. World Wildlife Found, Gland, Schweiz.

LOISELLE, P.V. (1985): Butterflies and Peacocks from Lake Malawi. Freshwater and Marine Aquarium *8*, No. 3: 10–21.

MAYR, E. (1969): Principles of systematic zoology.
McGraw-Hill Book Company, New York.

– (1975): Grundlagen der zoologischen Systematik. P. Parey, Hamburg, Berlin.

MEYER, M.K. (1987): The phylogenetic tree and its branching-phylogenetic relationships and branchpoints. In: W. KLAUSEWITZ (Hrsg.: Contributions to the Knowledge of the Cichlid Fishes of the Genus *Aulonocara* of Lake Malawi (East Africa). Cour. Forsch.-Inst. Senckenberg, *94*: 123–130. Senckenbergische Naturforschende Ges., Frankfurt a.M.

MEYER, M.K., & R. RIEHL (1985): *Aulonocara baenschi* n.sp. und *Aulonocara stuartgranti* n.sp., zwei neue Taxa aus der Familie *Cichlidae* vom Malawi-See (Pisces, Perciformes, Cichlidae). In: H.A. Baensch und R. Riehl (Hrsg.): Aquarien-Atlas, Band II, Mergus, Melle.

MEYER, M.K., R. RIEHL & H. ZETZSCHE (1987): A revision of the cichlid fishes of the genus Aulonocara REGAN, 1922 from Lake Malawi, with descriptions of six new species. In: W. KLAUSEWITZ (Hrsg.): Contributions to the Knowledge of the Cichlid Fishes of the Genus *Aulonocara* of Lake Malawi (East Africa). Cour. Forsch.-Inst. Senckenberg, *94*: 7–53. Senckenbergische Naturforschende Ges., Frankfurt a.M.

MEYER, M.K., & O. JAKOBUS (1987): Regressionsanalyse mit einem Vergleichsmodell, anhand von morphometrischen Messungen, kalkuliert mittels SRAPS. In: W. KLAUSEWITZ (Hrsg.): Contributions to the Knowledge of the Cichlid Fishes of the Genus *Aulonocara* of Lake Malawi (East Africa). Cour. Forsch.-Inst. Senckenberg, *94*: 63–121. Senckenbergische Naturforschende Ges., Frankfurt a.M.

POLL, M. (1987): Un Genre inedit pour une espece nouvelle du Lac Tanganyika: Trematochromis schreyeni gen.n. sp.n. Statut de Tilapia trematocephala BLGR 1901. Cybium *11* (2): 167–172.

REGAN, C.T. (1922): The Cichlid Fishes of Lake Nyasa. Proc. zool. Soc. Lond. *1921*: 675–727.

RIBBINK, A.J., B.A. MARSH, A.C. MARSH, A.C. RIBBINK & B.J. SHARP (1983): A preliminary survey of the cichlid fishes of rocky habitats in Lake Malawi. S.Afr. J. Zool. (3) *18*: 147–310.

SPREINAT, A. (1982): Futter in Aspik. Rezeptur zu einer hochwertigen Fischnahrung. Aquarien-Magazin 16 (6): 351– 355.

– (1988): Kaiserbuntbarsche – Wer ist wer nach der Revision der Gattung Aulonocara? Das Aquarium 229: 400–404.

– (1988): Neue Taxa bei Aulonocara/ Trematocranus. DCG-Info 19: 84–92.

– & W. STAECK (1988): Noch einmal: Kaiserbuntbarsche.
DATZ 41 (12): 521–522.

STAECK, W. (1974): Der Kaiserbuntbarsch: Ein neuer Cichlide aus dem Malawisee. DATZ 27 (4): 118–119.

– (1977): Cichliden: Verbreitung, Verhalten, Arten II. Pfriem, Wuppertal.

– (1983): Cichliden III: Entdeckungen und Neuimporte. Pfriem, Wuppertal.

– (1986): Beobachtungen an Malawicichliden: Die Gattung Trematocranus. TI 73: 10–13.

– (1988): Kaiserbuntbarsche: Die Gattung Aulonocara Regan, 1922. DATZ 41 (7): 224–228, (8): 296–299.

– & H. LINKE (1982): Afrikanische Cichliden II: Buntbarsche aus Ostafrika. Tetra, Melle.

STAUFFER, J.R., & K.R. MCKAYE (1985): Cyrtocara macrocleithrum, A Deepwater Cichlid (Teleostei: Cichlidae) from Lake Malawi, Africa. Copeia *3*: 591–596.

– & – (1988): Description of a Genus and Three Deep Water Species of Fishes (Teleostei: Cichlidae) from Lake Malawi, Africa. Copeia *2*: 441–449.

TAWIL, P., & R. ALLGAYER (1987): Description de Aulonocara maylandi kandeensis subsp. n. (Pisces, Cichlidae) du Lac Malawi. Cybium *11* (2): 159–166.

TINS, W. (1985): Blue Orchid Aulonocara: Ein neuer Fisch aus dem Malawisee. Das Aquarium 188: 58–61.

TREWAVAS, E. (1935): A synopsis of the cichlid fishes of Lake Nyasa. Ann. Mag. nat. Hist. (10) *16*: 65–118.

– (1984): Un nom et une description pour l'*Aulonocara* »Sulphur-head«, Poisson Cichlide du Lac Malawi. Revue fr. Aquariol. *11*: 7–10.

Register

Seitenziffern mit * verweisen auf Farbfotos
Seitenziffern kursiv = ausführliche Angaben